配电网架空线路
运维巡视典型缺陷

国网北京市电力公司电力科学研究院　组编

中国电力出版社
CHINA ELECTRIC POWER PRESS

内 容 提 要

本书主要围绕配电网架空线路运维巡视的典型缺陷展开，包括一般要求、典型缺陷、配电架空线路运维巡视工作记录表、10kV ××路运维巡视报告（模板）、配电网架空线路设备缺陷分类标准。本书归纳了配电网架空线路设备各类缺陷及典型案例，并针对每起缺陷制定缺陷等级，提出检修策略，以图文并茂的形式展示运维巡视过程中发现的典型缺陷及其违反的标准规范，对其进行深入分析、讲解，便于运维相关人员形象直观地进行了解和学习。

本书理论结合实际、通俗易懂、案例丰富。对从事配电网架空线路运维巡视相关工作的人员有较好的指导作用。

图书在版编目（CIP）数据

配电网架空线路运维巡视典型缺陷 / 国网北京市电力公司电力科学研究院组编 . —北京：中国电力出版社，2024.5

ISBN 978-7-5198-8568-7

Ⅰ .①配⋯　Ⅱ .①国⋯　Ⅲ .①配电系统 – 架空线路巡线　Ⅳ .① TM755

中国国家版本馆 CIP 数据核字（2024）第 023759 号

出版发行：中国电力出版社

地　　　址：北京市东城区北京站西街 19 号（邮政编码 100005）

网　　　址：http ://www.cepp.sgcc.com.cn

责任编辑：肖　敏（010-63412363）　代　旭

责任校对：黄　蓓　常燕昆

装帧设计：王红柳

责任印制：石　雷

印　　刷：三河市万龙印装有限公司

版　　次：2024 年 5 月第一版

印　　次：2024 年 5 月北京第一次印刷

开　　本：787 毫米 ×1092 毫米　16 开本

印　　张：15.25

字　　数：338 千字

印　　数：0001—1800 册

定　　价：98.00 元

　　为了压降配电网故障，提升配电架空线路运行健康水平，弥补线路运维人员在技术水平、管理水平方面的不足，2015 年，国网北京市电力公司（简称北京公司）通过国网北京市电力公司电力科学研究院（简称国网北京电科院）组建运维巡视队伍，开展故障高发线路运维巡视工作，指出高发线路存在的各类缺陷，指导运维单位开展综合检修。随着配电网故障持续压降、配电网自动化水平逐渐完善，北京公司转变思路，响应实时需求，对"三供一业""煤改电线路""森林防火线路""政治供电保障特巡""短时接地线路"等开展巡视工作，效果良好。国网北京电科院从专业的角度出发，根据北京公司配电网架空线路特色，考虑到设计、施工工艺、运维、检修各个环节，梳理配电设备缺陷分类标准，以及运维巡视过程中发现的典型缺陷，特编制了本书。

　　本书共分为两章，第 1 章主要介绍运维巡视工作要求，包括组织要求、人员要求、装备要求、工作准备要求、工作开展要求、问题与治理，旨在点出工作开展的关键性要素；第 2 章针对配电网架空线路设备缺陷类型，分别从架空线路、柱上开关、线路避雷器、柱上变台（紧凑型变台）、柱上变台（传统型变台）五个方面开展，以图文并茂的形式展示运维巡视过程中发现的典型缺陷及其违反的标准规范，便于运维相关人员形象直观地进行了解和学习。本书以附录的形式，给出了运维巡视过程管控所需的相关材料，包括附录 A 配电架空线路运维巡视工作记录表，可供运维巡视人员记录巡视过程中发现的各类问题；附录 B 10kV ×× 路运维巡视报告（模板），为相关人员编写巡视汇报材料参考使用，该模板通过合理的谋篇布局、规范的格式设置，将检查中发现的问题进行清晰条理的呈现，可作为模板供运维巡视人员后期编写相关汇报材料参考使用；附录 C 配电网架空线路设备缺陷分类标准，根据北京公司配电网线路特色，参考 Q/GDW 745—2012《配电网设备缺陷分类标准》、DL/T 664—2016《带电设备红外诊断应用规范》，并结合北京公司典型设计、施工工艺、运维规程以及运维巡视过程中发现的各类缺陷，分别从架空线路、柱上开关、线路避雷器、柱上变台（紧凑型变台）、柱上变台（传统型变台）五个部分，以表格形式直观详细地展示了配电网架空线路设备的各个缺陷类型、违反标准、缺陷等级及检修策略等，方便运维巡视人员翻阅借鉴。本书归纳了配电网架空线路设备各类缺陷及典型案例，每起缺陷均有章可循、有据可查，清晰、明了地展现配电网架空线路运行过程中的常见问题，并针对每起缺陷制定缺陷等级，提出检修策略，指导运维单位有目的、有计划地开展运维检修工作，提高工作效率，确保北京电网安全稳定运行。

　　由于编者水平有限，书中难免有疏漏、不妥之处，敬请各位读者批评指正。

编者

2023 年 10 月

目 录

一般要求

1.1 工作目标

　　配电网架空线路设备种类繁多，运行环境复杂，导致配电网设备易受到本身、施工及周围环境的影响，存在一定程度的运行缺陷。设备缺陷等级划分为一般、严重和危急缺陷三类。其中严重和危急缺陷，若不及时进行检修处理，极易发展成事故，威胁设备安全稳定运行。

　　本书从现场实际出发，结合北京电力公司配电线路特色，制定配电设备缺陷分类标准，并列举各种配电设备常见典型缺陷，指导线路运维人员开展配电网设备缺陷巡视工作；同时针对设备缺陷进行等级划分，指导运维单位有计划地开展检修工作，提升配电架空线路运行健康水平。

1.2 工作要求

1.2.1 组织要求

　　配电网架空线路运维巡视工作，需成立运维巡视领导小组与运维巡视工作小组。其中，领导小组负责运维巡视工作的统一组织领导、跟踪督导和监督检查，协调解决重点、难点问题，督导运维巡视发现问题治理工作；工作小组负责落实运维巡视工作，细致分析运维巡视线路历史故障原因，制定运维巡视工作方案和工作计划，组织开展运维巡视工作，做好巡视记录和运维巡视报告编写工作。

1.2.2　人员要求

运维巡视人员应熟知配电网架空线路各类设备，熟知配电网工程典型设计、施工工艺、验收标准、运维及检修规程等，熟知超声波、声学成像、红外热成像等状态检测技术，熟练操作状态检测仪器，并具备分析、判断缺陷的能力。

1.2.3　装备要求

一支专业的运维巡视队伍，应具备专业的检测装备。运维巡视人员应配备望远镜、高精度相机、超声波检测仪、声学成像检测仪、红外热成像检测仪。同时，还应随身携带线路资料及常用工具、备件和个人防护用品，如安全帽、手电、手套等。

1.2.4　工作准备要求

运维巡视工作，应梳理本年度重点巡视计划，巡视对象应有针对性，如年度的故障高发线路、近期的短时接地频发线路、政治供电保障线路等。针对年度高发线路，应了解故障高发原因、故障高发区段，根据故障原因有重点的排查历史隐患是否存在；针对近期短时接地频发线路，应提前掌握定位区间以及故障录波波形，分析可能导致短时接地的原因，有针对性地开展巡视工作。

1.2.5　工作开展要求

（1）运维巡视人员带齐装备，开展巡视工作。

（2）运维巡视人员在巡视检查线路、设备时，应同时核对命名、编号、标识等。

（3）运维巡视人员应认真填写《配电架空线路运维巡视工作记录表》（见附录 A）。巡视记录应包括巡视项目、被查单位、巡视日期、天气状况、巡视范围、缺陷位置、缺陷描述、缺陷分类，沿线危及线路设备安全的树木、建（构）筑物和施工情况，存在外力破坏可能的情况，交叉跨越的变动情况以及初步处理意见等。巡视结束后编写《10kV ×× 路运维巡视报告》（见附录 B）。

1.2.6　问题与治理

（1）本书将设备缺陷划分成 3 个等级，分别为一般、严重和危急缺陷。

1）一般缺陷：设备本身及周围环境出现不正常情况，一般不威胁设备的安全运行，可列入年、季检修计划或日常维护工作中处理的缺陷。

2）严重缺陷：设备处于异常状态，可能发展为事故，但设备仍可在一定时间内继续运行，须加强监视并进行检修处理的缺陷。

3）危急缺陷：严重威胁设备的安全运行，不及时处理，随时有可能导致事故的发生，必须尽快消除或采取必要的安全技术措施进行处理的缺陷。

（2）通过运维巡视发现的缺陷应尽快安排工作计划进行治理，消缺工作优先采用不停电作业方式，必要时采用夜间停电处缺方式进行治理。

（3）对于故障频发区段内同时存在树线矛盾严重、设备缺陷集中、防雷设备薄弱等多种问题时，可安排小区段内停电检修工作，通过小段线路的检修，有力提升整条线路运行健康水平。

（4）对已制定治理计划的线路，如线路综合检修等工作，应严格落实管控措施，增加线路巡视次数，落实严重、危急缺陷，严重、重大隐患的治理工作，同时严格落实治理工作计划；对未制定治理项目，无法尽快完成治理的情况，应做好项目储备工作。

1.2.7 总结

根据运维巡视工作开展情况，应定期组织召开运维巡视总结会，并积极分享在运维巡视工作中的先进经验与做法。

2 典型缺陷

本章根据配电网架空线路设备类型，分为架空线路、柱上开关、线路避雷器、柱上变台（紧凑型变台）、柱上变台（传统型变台）五个部分。通过全面梳理配电网设备运行过程中存在的各种问题，用图文并茂的形式展示典型缺陷案例，附录 C 给出了违反的标准（规范）条款以及相应的检修建议。

2.1 架空线路

本节重点从杆塔、导线、绝缘子、铁件、金具、拉线、通道、设备标识、故障指示器、接地装置、户外电缆等部分介绍架空线路设备的典型缺陷。

其中涉及《国网北京市电力公司配电网工程典型设计　线路分册　2016 年版》中已要求淘汰的设备，包括：10kV 针式绝缘子、箍位绝缘子、螺栓并沟线夹等。此类设备在架空线路中仍有部分存量，将结合综合检修等改造项目逐步更替。

2.1.1 杆塔

2.1.1.1 杆塔本体

（1）问题描述：杆塔歪斜，如图 2-1 所示。

（a）疑似受三线搭挂影响歪斜　　　　　　　　（b）疑似受拉线影响歪斜

图 2-1　杆塔歪斜

违反的标准（规范）条款：国网北京市电力公司的《配电网运维规程》第 7.2.2 条中
（1）的相关规定。

　　（1）电杆是否倾斜、下沉、上拔，杆基有无损坏，周围土壤有无挖掘、冲刷或沉陷。

（2）问题描述：戗杆安装缺少一副戗箍，如图 2-2 所示。

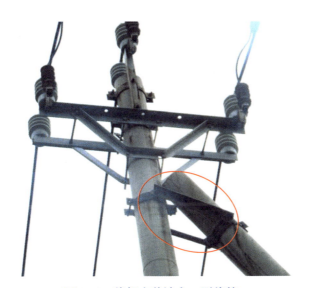

图 2-2　戗杆安装缺少一副戗箍

违反的标准（规范）条款：国网北京市电力公司的《配电网施工工艺及验收规范》第
6.2.7.1 条的相关规定。

　　戗杆（顶杆）的埋深不应小于 0.5m，遇有土质松软或受力较大时，应采取防沉补强措施，如图 10 所示。

规范做法如图2-3所示。

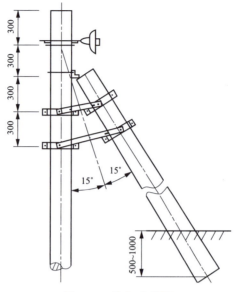

图2-3 钎杆安装图

（3）问题描述：杆塔存在异物：鸟窝、藤蔓、风筝等，如图2-4所示。

（a）杆塔存在鸟窝　　　　　　　　（b）杆塔存在藤蔓

图2-4 杆塔存在异物

违反的标准（规范）条款：国网北京市电力公司的《配电网运维规程》第7.2.2条中（7）的相关规定。

> （7）杆塔周围有无藤蔓类攀岩植物和其他附着物，有无危及安全的鸟窝、风筝及杂物。

（4）问题描述：杆塔存在三线搭挂，如图2-5所示。

图 2-5　杆塔存在三线搭挂

违反的标准（规范）条款：国网北京市电力公司的《配电网运维规程》第 7.2.2 条中（8）的相关规定。

（8）杆塔上有无未经批准搭挂设施或非同一电源的低压配电线路。

（5）问题描述：杆塔表面风化、露筋，如图 2-6 所示。

（a）杆塔底部风化、露筋

（b）杆塔中部风化、露筋

图 2-6　杆塔表面风化、露筋（危急）

违反的标准（规范）条款：Q/GDW 745—2012《配电网设备缺陷分类标准》第 4.1.1.1 条中 a）-3）的相关规定。

3）混凝土杆表面风化、露筋，角钢塔主材缺失，随时可能发生倒杆塔危险。

2.1.1.2 杆塔基础

（1）问题描述：15m 电杆埋深不足 2.3m，如图 2-7 所示。

图 2-7　电杆埋深不足 2.3m

违反的标准（规范）条款：《国网北京市电力公司配电网工程典型设计　线路分册　2016 年版》的表 7-1 混凝土电杆埋设深度及根部弯矩计算点距离中规定 15m 杆埋深应为 2.3m。

表 7-1	混凝土电杆埋设深度及根部弯矩计算点距离（m）
杆长	15
埋深	2.3
根部弯矩计算点距离（距混凝土电杆底部）	1.53

（2）问题描述：杆基周围土壤存在挖掘、冲刷或沉陷，如图 2-8 所示。

（a）杆基周围土壤被冲刷　　　　　　　（b）杆基周围土壤存在沉陷

图 2-8　杆基周围土壤存在冲刷、沉陷

违反的标准（规范）条款：国网北京市电力公司的《配电网运维规程》第7.2.2条中（1）的相关规定。

> （1）电杆是否倾斜、下沉、上拔，杆基有无损坏，周围土壤有无挖掘、冲刷或沉陷。

（3）问题描述：钢管杆地脚螺栓未做基础保护帽，如图2-9所示。

图2-9 钢管杆地脚螺栓未做基础保护帽

违反的标准（规范）条款：《国网北京市电力公司配电网工程典型设计 线路分册 2016年版》的图11-5钢管杆基础型式示意图。

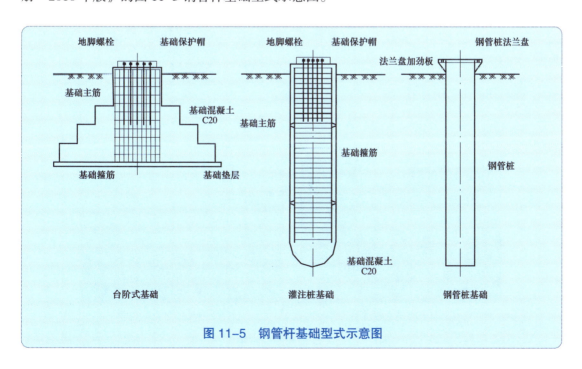

图11-5 钢管杆基础型式示意图

规范做法如图 2-10 所示。

图 2-10　钢管杆地脚螺栓制作有基础保护帽

（4）问题描述：杆塔保护设施损坏，如图 2-11 所示。

（a）杆塔防撞墩破损严重　　　　　　　（b）杆塔防撞墩开裂破损

图 2-11　杆塔保护设施损坏

违反的标准（规范）条款：Q/GDW 745—2012《配电网设备缺陷分类标准》第 4.1.1.2 条中 c）-3）的相关规定。

> 3）杆塔保护设施损坏。

（5）问题描述：杆塔基础被水淹，如图 2-12 所示。

（a）杆塔根部浸在河道中　　　　　　　（b）杆塔根部浸在水中

图 2-12　杆塔根部浸在水中（严重）

违反的标准（规范）条款：国网北京市电力公司的《配电网运维规程》第 7.2.2 条中（3）的相关规定。

> （3）杆塔有无被水淹、水冲的可能，防洪设施有无损坏、坍塌。

2.1.2 导线

（1）问题描述：同一耐张段内各相导线的弧垂不一致，水平排列的导线弧垂相差大于 50mm，如图 2-13 所示。

（a）三相导线松弛且弧垂不一致　　　　（b）两相导线松弛且弧垂不一致

图 2-13　同一耐张段内各相导线的弧垂不一致

违反的标准（规范）条款：国网北京市电力公司的《配电网施工工艺及验收规范》第 6.2.8.6 条中（3）的相关规定。

> （3）导线紧好后，弧垂的误差不应超过设计弧垂的 ±5%。在一个耐张段内各相导线的弧垂宜一致；水平排列的导线弧垂相差不应大于 50mm。

（2）问题描述：10kV 导线之间、10kV 导线与 0.4kV 导线之间的最小垂直距离不足 2m，最小水平距离不足 2.5m，如图 2-14 所示。

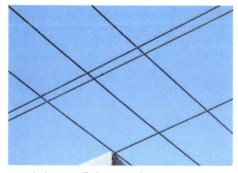 

（a）10kV 导线之间垂直距离小于 2m　　　（b）10kV 与 0.4kV 导线间垂直距离小于 2m

图 2-14　导线之间最小垂直距离、最小水平距离不满足要求

违反的标准（规范）条款：国网北京市电力公司的《配电网施工工艺及验收规范》第6.2.8.8 条中（2）的相关规定。

（2）0.4kV、10kV 裸线、绝缘线与其他电力线路导线的交叉或接近距离，在上方导线最大弧度时，不应小于表 11 所列数值。

表 11　　　　　　　　　　电力线路导线之间交叉或接近距离

项目	线路电压（kV）	≤ 1	10	35～110	220	500
最小垂直距离（m）	10kV	2	2	3	4	8.5
	0.4kV	1	2	3	4	8.5
最小水平距离（m）	10kV	2.5	2.5	5	7	13
	0.4kV					

（3）问题描述：一个档距内，单根导线存在接头数量大于一个，如图 2-15 所示。

（a）一个档距内，单根导线存在接头数量大于一个　（b）一个档距内，两根导线存在接头数量均大于一个

图 2-15　接头数量大于一个

违反的标准（规范）条款：国网北京市电力公司的《配电网施工工艺及验收规范》第6.2.8.3 条中（1）-2）的相关规定。

2）在一个档距内，每根导线宜有一个接头。

（4）问题描述：导线接头距导线固定点小于 0.5m，如图 2-16 所示。

图 2-16　导线接头距导线固定点小于 0.5m

违反的标准（规范）条款：国网北京市电力公司的《配电网施工工艺及验收规范》第6.2.8.3 条中（1）-3）的相关规定。

> 3）导线接头距导线固定点不应小于 0.5m。

（5）问题描述：主导线与弓子线连接处未采用永久型线夹，如图 2-17 所示。

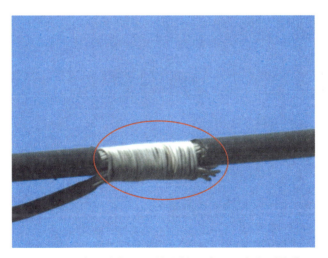

图 2-17　主导线与弓子线连接处未采用永久型线夹

违反的标准（规范）条款：国网北京市电力公司的《配电网施工工艺及验收规范》第6.2.8.4 条中（1）-1）的相关规定。

> 1）0.4kV、10kV 架空线路裸铝绞线、绝缘铝绞线、钢芯铝绞线、绝缘钢芯铝绞线的弓子线接续应采用永久型线夹。

（6）问题描述：导线挂有大异物易引起相间短路等故障，如图2-18所示。

（a）导线两相间挂有风筝　　　　　　　　（b）导线两相间挂有苫布

图2-18　导线挂有大异物易引起相间短路等故障（严重）

违反的标准（规范）条款：Q/GDW 745—2012《配电网设备缺陷分类标准》第4.1.2条中a）-4）的相关规定。

4）导线挂有大异物将会引起相间短路等故障。

（7）问题描述：导线绝缘破损，超声波及声学成像仪检测有异常声音，如图2-19所示。

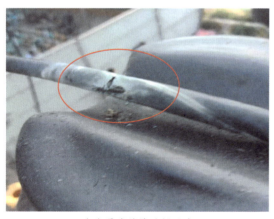
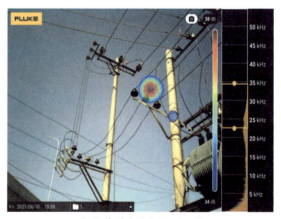

（a）导线绝缘破损照片　　　　　　　　（b）声学成像仪检测照片

图2-19　导线绝缘破损（异常声音幅值达36dB，危急）

违反的标准（规范）条款：国网北京市电力公司的《配电网运维规程》第D.4.2.3条中（1）～（3）的相关规定。

（1）劣化程度在0dB～10dB间为"一般缺陷"；

（2）劣化程度在11dB～30dB间为"严重缺陷"；

（3）劣化程度在31dB以上为"危急缺陷"。

（8）问题描述：导线存在断股、损伤、烧伤、烧蚀的痕迹，如图2-20所示。

（a）导线存在断股

（b）导线存在烧蚀痕迹

图2-20　导线存在断股、烧蚀的痕迹（严重）

违反的标准（规范）条款：国网北京市电力公司的《配电网运维规程》第7.2.4条中（1）的相关规定。

（1）导线有无断股、损伤、烧伤、腐蚀的痕迹。

（9）问题描述：导线出现散股、灯笼现象，如图2-21所示。

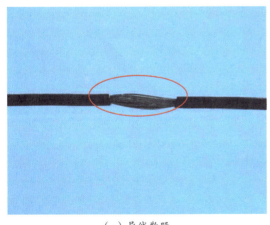

（a）导线散股

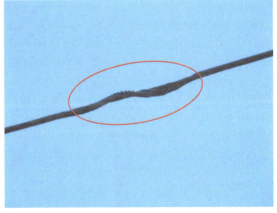
（b）导线散股扭曲

图2-21　导线存在散股

违反的标准（规范）条款：Q/GDW 745—2012《配电网设备缺陷分类标准》中表B.1架空线路设备缺陷库"一般缺陷：轻度散股现象，导线一耐张段出现散股现象一处；严重缺陷：中度散股现象，导线有散股现象，一耐张段出现 3 处及以上散股"。

2.1.3 绝缘子

（1）问题描述：绝缘子歪斜，如图 2-22 所示。

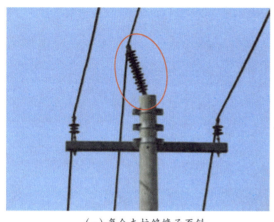
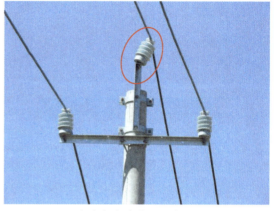

（a）复合支柱绝缘子歪斜 （b）柱式绝缘子歪斜

图 2-22 绝缘子歪斜

违反的标准（规范）条款：国网北京市电力公司的《配电网运维规程》第 7.2.3 条中（7）的相关规定。

（7）绝缘子钢脚有无弯曲，铁件有无严重锈蚀，绝缘子是否歪斜。

（2）问题描述：柱式绝缘子螺母松动，如图 2-23 所示。

（a）单螺母松动致使绝缘子歪斜（未按要求安装双螺母） （b）柱式绝缘子双螺母中锁母松动

图 2-23 柱式绝缘子螺母松动

违反的标准（规范）条款：国网北京市电力公司的《配电网施工工艺及验收规范》第

6.2.5.3 条的相关规定。

> 安装 10kV 柱式绝缘子、0.4kV 针式绝缘子时应加弹簧垫圈，安装应牢固。10kV
> 线路型柱式绝缘子应安装双螺母。

（3）问题描述：绝缘子绑线松弛、开断，如图 2-24 所示。

（a）绝缘子绑线松脱　　　　　　　　（b）边相绝缘子绑线开断，导线搭挂在横担上（严重）

图 2-24　绝缘子绑线松弛、开断

违反的标准（规范）条款：国网北京市电力公司的《配电网运维规程》第 7.2.4 条中（8）的相关规定。

> （8）支持绝缘子绑扎线有无松弛和开断现象。

（4）问题描述：绝缘子中度污秽，有明显放电痕迹，如图 2-25 所示。

（a）柱式绝缘子中度污秽　　　　　　（b）悬式绝缘子中度污秽

图 2-25　绝缘子中度污秽，有明显放电痕迹（严重）

违反的标准（规范）条款：Q/GDW 745—2012《配电网设备缺陷分类标准》第 4.1.3 条中 b）–1）的相关规定。

1）有明显放电（痕迹）。

（5）问题描述：绝缘子重度污秽，表面有严重放电痕迹，如图 2-26 所示。

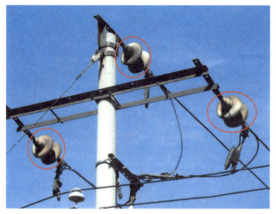

（a）悬式绝缘子重度污秽　　　　　　　　（b）柱式绝缘子重度污秽

图 2-26　绝缘子重度污秽，表面有严重放电痕迹（危急）

违反的标准（规范）条款：Q/GDW 745—2012《配电网设备缺陷分类标准》第 4.1.3 条中 a）–1）的相关规定。

1）表面有严重放电痕迹。

（6）问题描述：超声波及声学成像仪检测绝缘子处有异常声音，如图 2-27 所示。

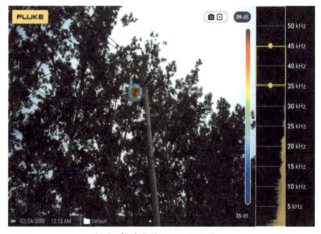

（a）柱式绝缘子表面存在放电痕迹　　　　　　（b）声学成像仪检测照片

图 2-27　声学成像仪检测柱式绝缘子处有异常声，幅值达 39dB，经检查发现柱式绝缘子表面存在放电痕迹（危急）

违反的标准（规范）条款：国网北京市电力公司的《配电网运维规程》第 D.4.2.3 条中
（1）～（3）的相关规定。

> （1）劣化程度在 0dB～10dB 间为"一般缺陷"；
> （2）劣化程度在 11dB～30dB 间为"严重缺陷"；
> （3）劣化程度在 31dB 以上为"危急缺陷"。

（7）问题描述：绝缘子破损、裂纹，如图 2-28 所示。

（a）柱式绝缘子破损　　　　　　　（b）悬式绝缘子破损

图 2-28　绝缘子破损

违反的标准（规范）条款：国网北京市电力公司的《配电网运维规程》第 7.2.3 条中
（4）的相关规定。

> （4）瓷质绝缘子有无损伤、裂纹和闪络痕迹，釉面剥落面积不应大于 $100mm^2$。

2.1.4　铁件、金具

2.1.4.1　线夹

（1）问题描述：线夹无绝缘护罩，如图 2-29 所示。

违反的标准（规范）条款：京电运检〔2016〕68 号《国网北京市电力公司"煤改电"
建设改造技术细则》第 5.1.4.2 条的相关规定。

> 导线连接线夹加装绝缘卷材（绝缘罩）。

（a）并沟线夹无绝缘护罩

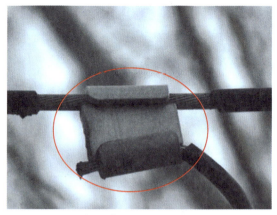

（b）安普线夹无绝缘护罩

图 2-29　线夹无绝缘护罩

（2）问题描述：线夹上搭挂异物，如图 2-30 所示。

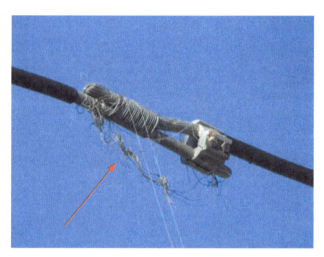

图 2-30　螺栓并沟线夹未缠绝缘且搭挂异物（风筝线）

违反的标准（规范）条款：国网北京市电力公司的《配电网运维规程》第 7.1.11.1 条中（1）的相关规定。

（1）线路上有无鸟窝、树枝、铁丝、锡箔纸、塑料布、风筝等异物。

（3）问题描述：导线与弓子线连接处线夹温度异常，如图 2-31 所示。

违反的标准（规范）条款：DL/T 664—2016《带电设备红外诊断应用规范》附录 H 中表 H.1 电流致热型设备缺陷诊断判据：“一般缺陷：线夹处 δ（相对温差）≥ 35% 但热点温度未达到严重缺陷温度值；严重缺陷：90℃ ≤ 线夹处热点温度 ≤ 130℃，或 δ（相对温差）≥ 80% 但热点温度未达紧急缺陷温度值；危急缺陷：线夹处热点温度 > 130℃，或 δ（相对温差）≥ 95% 且热点温度 > 90℃”。

（a）线夹存在过热烧蚀现象

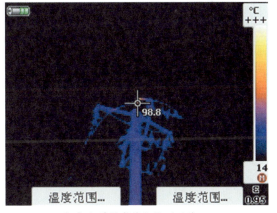

（b）红外热成像仪检测照片

图 2-31　导线与弓子线连接处线夹温度为 98.8℃，处缺发现线夹存在过热烧蚀现象（严重）

（4）问题描述：超声波及声学成像仪检测线夹处有异常声音，如图 2-32 所示。

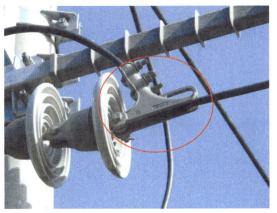

（a）耐张线夹照片

（b）声学成像仪检测照片

图 2-32　超声波及声学成像仪检测边相耐张线夹处存在异常声音，最大数值为 16.33dB（严重）

违反的标准（规范）条款：国网北京市电力公司的《配电网运维规程》第 D.4.2.3 条中（1）～（3）的相关规定。

（1）劣化程度在 0dB～10dB 间为"一般缺陷"；

（2）劣化程度在 11dB～30dB 间为"严重缺陷"；

（3）劣化程度在 31dB 以上为"危急缺陷"。

2.1.4.2　横担

（1）问题描述：横担歪斜，如图 2-33 所示。

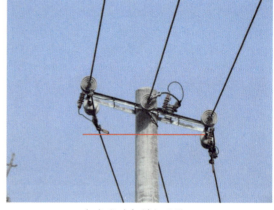

（a）直跑杆横担歪斜　　　　　　　　（b）断连杆横担歪斜

图 2-33　横担歪斜

违反的标准（规范）条款：国网北京市电力公司的《配电网运维规程》第 7.2.3 条中（2）的相关规定。

> （2）横担上下倾斜、左右偏斜不应大于横担长度的 2%。

（2）问题描述：方型横担与电杆梢径不匹配，固定不牢固，如图 2-34 所示。

图 2-34　方型横担与电杆梢径不匹配

违反的标准（规范）条款：国网北京市电力公司《配电网施工工艺及验收规范》6.2.4.8 条的相关规定。

> 安装方型横担，应与电杆梢径配套，固定牢固。

（3）问题描述：方型横担抱箍固定螺栓未拧紧，如图 2-35 所示。

（a）缺陷整体照片　　　　　　　　　　（b）缺陷局部照片

图2-35　方型横担抱箍固定螺栓未拧紧

违反的标准（规范）条款：国网北京市电力公司《配电网施工工艺及验收规范》6.2.4.12条中（5）的相关规定。

（5）螺母应拧紧。

（4）问题描述：10kV、0.4kV同杆架设多回线路，横担间层距不满足规范要求，如图2-36所示。

（a）10kV与10kV横担间层距小于0.5m　　　（b）10kV与0.4kV横担间层距小于1m且有鸟窝

图2-36　10kV、0.4kV同杆架设多回线路，横担间层距不满足规范要求

违反的标准（规范）条款：国网北京市电力公司的《配电网施工工艺及验收规范》第6.2.4.2条的相关规定。

10kV、0.4kV同杆架设多回线路：10kV与10kV同杆架设多回线路，直线杆横担间层距不小于0.5m；10kV与0.4kV同杆架设多回线路，直线杆横担间层距不小于1m。其他同杆架设多回线路横担间层距参照表6。

表6	同杆架设多回路线路横担间的层距			（mm）	
电压类别	直线杆		分支或转角杆		
	裸导线	绝缘线	裸导线	绝缘线	
10kV 与 10kV	800	500	600	200/300[1)]	
10kV 与 0.4kV	1200	1000	1000	/	
0.4kV 与 0.4kV	600	300	300	200（不包括集束线）	

[1)] 绝缘线路，分支或转角杆如为单回线，则分支线横担距主干线横担为 300mm；如为双回线，则分支线横担距上层主干线横担为 200mm，距下层主干线横担为 300mm。

2.1.4.3 金具

（1）问题描述：悬式绝缘子与耐张线夹连接处的固定螺栓未加装弹簧销子，如图 2-37 所示。

（a）耐张线夹固定螺栓未加装弹簧销子　　　　　（b）绝缘子与线夹连接螺栓未加装弹簧销子

图 2-37　悬式绝缘子与耐张线夹连接处的固定螺栓未加装弹簧销子

违反的标准（规范）条款：Q/GDW 745—2012《配电网设备缺陷分类标准》第 4.1.4.1 条中 a）–3）的相关规定。

> 3）金具的保险销子脱落、连接金具球头锈蚀严重、弹簧销脱出或生锈失效、挂环断裂；金具串钉移位、脱出、挂环断裂、变形。

（2）问题描述：悬式绝缘子与耐张线夹连接处开口销未做 30°～60° 开口处理，如图 2-38 所示。

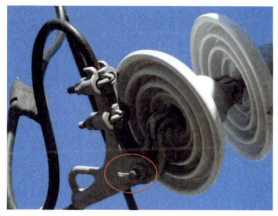
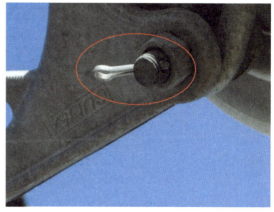

（a）缺陷整体照片　　　　　　　　　（b）缺陷局部照片

图 2-38　悬式绝缘子与耐张线夹连接处开口销未做 30°~ 60° 开口处理

违反的标准（规范）条款：国网北京市电力公司的《配电网施工工艺及验收规范》第 6.2.5.4 条中（3）的相关规定。

（3）采用闭口销时，其直径必须与孔径相配合，且弹力适度。采用开口销时应对称开口，开口 30°～60°，开口后的销子不应有折断、裂痕等现象，不准用线材或其他材料代替开口销子。

（3）问题描述：抱立担未按要求安装连板，如图 2-39 所示。

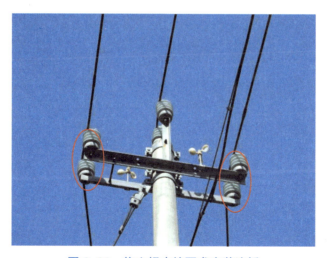

图 2-39　抱立担未按要求安装连板

违反的标准（规范）条款：《国网北京市电力公司配电网工程典型设计　线路分册　2016 年版》中图 9-1 抱立混凝土电杆安装图（B-15-0）。

规范做法如图 2-40 所示。

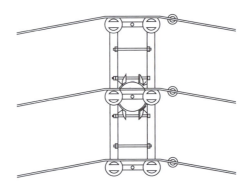

图 2-40　抱立混凝土电杆安装图

（4）问题描述：横担中相立铁抱箍与杆梢距离小于 100mm，如图 2-41 所示。

图 2-41　横担中相立铁抱箍与杆梢距离小于 100mm

违反的标准（规范）条款：《国网北京市电力公司配电网工程典型设计　线路分册 2016 年版》中图 7-1 直线混凝土电杆安装图（Z1-15-I）。

规范做法如图 2-42 所示。

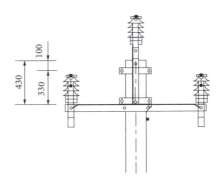

图 2-42　直线混凝土电杆安装图

（5）问题描述：横担中相立铁歪斜，如图 2-43 所示。

违反的标准（规范）条款：国网北京市电力公司的《配电网运维规程》第7.2.3条中（3）的相关规定。

图2-43 横担中相立铁歪斜

（3）螺栓是否紧固，有无缺螺帽、销子，开口销及弹簧销有无锈蚀、断裂、脱落。

（6）问题描述：大档距导线防振锤缺失，如图2-44所示。

违反的标准（规范）条款：国网北京市电力公司的《配电网运维规程》第7.2.3条中（10）的相关规定。

（10）预绞丝有无滑动、断股或烧伤，防振锤有无移位、脱落、偏斜。

规范做法如图2-45所示。

图2-44 大档距导线未加防振锤

图2-45 规范做法（加装有防振锤）

（7）问题描述：防振锤破损，如图 2-46 所示。

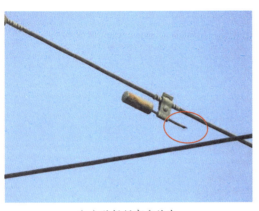
（a）防振锤部分缺失

（b）防振锤全部缺失

图 2-46　防振锤破损

违反的标准（规范）条款：国网北京市电力公司的《配电网运维规程》第 7.2.3 条中（10）的相关规定。

> （10）预绞丝有无滑动、断股或烧伤，防振锤有无移位、脱落、偏斜。

2.1.5　拉线

（1）问题描述：拉线松弛或拉线与横担间存在挤压受力，如图 2-47 所示。

（a）拉线松弛

（b）拉线与方型横担间存在挤压受力

图 2-47　拉线松弛或拉线与横担间存在挤压受力

违反的标准（规范）条款：国网北京市电力公司的《配电网施工工艺及验收规范》第 6.2.6.1 条中（2）的相关规定。

> （2）拉线应正常受力，不得松弛。

（2）问题描述：拉线基础沉陷，如图 2-48 所示。

图 2-48 拉线基础沉陷

违反的标准（规范）条款：国网北京市电力公司的《配电网运维规程》第 7.2.5 条中（4）的相关规定。

（4）拉线基础是否牢固，周围土壤有无突起、沉陷、缺土等现象。

（3）问题描述：拉线穿越导线时距带电部位小于 200mm，如图 2-49 所示。

（a）裸绞拉线穿越导线时距带电部位　　　　　　　（b）拉线与带电部位（TV 瓷头）距离小
（弓子线）小于 200mm　　　　　　　　　　　　　　　　于 200mm

图 2-49 拉线穿越导线时距带电部位小于 200mm（严重）

违反的标准（规范）条款：国网北京市电力公司的《配电网施工工艺及验收规范》第 6.2.6.1 条中（4）的相关规定。

（4）拉线穿越导线时距带电部位至少保持 200mm，并应采取以下之一的防护措施：

1）采用黑色耐候聚乙烯绝缘钢绞线；

2）穿越线路时在线路上、下方加拉线绝缘子。在断拉线的情况下，绝缘子对地不得小于2.5m，不应以悬式绝缘子代替拉线绝缘子。

（4）问题描述：非绝缘拉线与横担接触且未加设拉线绝缘子，如图2-50所示。

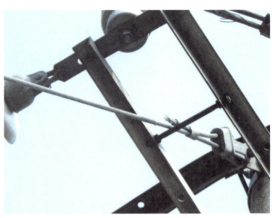

（a）缺陷整体照片　　　　　　　　　　　（b）缺陷局部照片

图2-50　非绝缘拉线与横担接触且未加设拉线绝缘子

违反的标准（规范）条款：国网北京市电力公司的《配电网运维规程》第7.2.5条中（6）的相关规定。

（6）非绝缘拉线应加设拉线绝缘子。

（5）问题描述：拉线与电杆角度小于30°，如图2-51所示。

（a）变台杆拉线与电杆角度小于30°　　　（b）末端杆拉线与电杆角度小于30°

图2-51　拉线与电杆角度小于30°

违反的标准（规范）条款：国网北京市电力公司的《配电网施工工艺及验收规范》第6.2.6.1条中（2）的相关规定。

（2）拉线与电杆的夹角宜采用45°（经济夹角），当受环境限制时，可适当减小，但不得小于30°，拉线应正常受力，不得松弛。

（6）问题描述：拉线棒外露地面长度大于700mm，拉线棒埋深不足，如图2-52所示。

图2-52 拉线棒外露地面长度大于700mm，拉线棒埋深不足

违反的标准（规范）条款：国网北京市电力公司的《配电网施工工艺及验收规范》第6.2.6.1条中（3）的相关规定。

（3）拉线坑应挖斜坡（马道），使拉线棒与拉线成一直线。拉线棒与拉线盘应垂直、与拉线盘连接应加角铁背板并带双螺母，拉线棒外露地面长度一般为500～700mm。

（7）问题描述：跨越道路的水平拉线安装不规范（拉线固定在通信线上，未按要求固定在拉桩杆上），如图2-53所示。

图2-53 跨越道路水平拉线固定在通信线上

违反的标准（规范）条款：国网北京市电力公司的《配电网施工工艺及验收规范》第6.2.6.1 条中（7）的相关规定。

> （7）跨越道路的水平拉线与拉桩杆的安装（见图9）。

规范做法如图 2-54 所示。

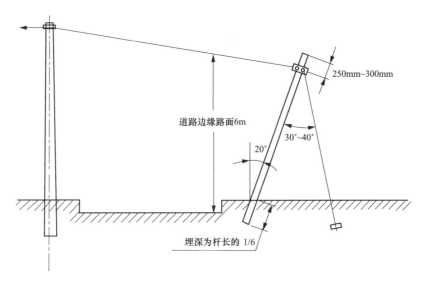

图 2-54　水平拉线与拉桩杆安装图

2.1.6　通道

（1）问题描述：10kV 绝缘线与建筑物最小垂直距离小于 2.5m，最小水平距离小于0.75m；10kV 裸导线与建筑物最小垂直距离小于 3m，最小水平距离小于 1.5m，如图 2-55所示。

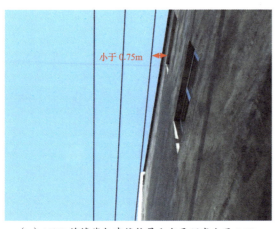 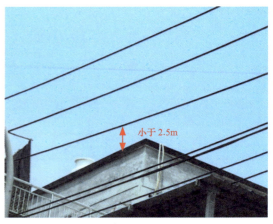

（a）10kV 绝缘线与建筑物最小水平距离小于 0.75m　　（b）10kV 绝缘线与建筑物最小垂直距离小于 2.5m

图 2-55　10kV 绝缘线与建筑物间最小垂直、水平距离不满足规范要求（严重）

违反的标准（规范）条款：国网北京市电力公司的《配电网施工工艺及验收规范》第6.2.8.8条中（3）的相关规定。

（3）10kV绝缘线与建筑物最小垂直距离应大于2.5m，最小水平距离应大于0.75m。其他电压等级配电线路导线与建筑物参照距离不应小于表12所列数值。

表12　　　　　　　　0.4kV、10kV配电线路导线与建筑物距离

类别	裸绞线		绝缘线	
	10kV	0.4kV	10kV	0.4kV
最小垂直距离（m）	3.0	2.5	2.5	2.0
最小水平距离（m）	1.5	1.0	0.75	0.2

（2）问题描述：10kV绝缘线与果林、经济林、城市灌木林最小距离小于1m；10kV裸绞线与果林、经济林、城市灌木林最小距离小于1.5m，如图2-56所示。

（a）10kV绝缘线与树木距离小于1m　　　　　（b）10kV裸导线与树木距离小于1.5m

图2-56　10kV绝缘线、裸导线与树木距离不满足规范要求

违反的标准（规范）条款：国网北京市电力公司的《配电网施工工艺及验收规范》第6.2.8.8条中（4）的相关规定。

（4）导线对树木的最小净空距离详见表13。

表13　　　　　　　　　导线对树木的最小净空距离

类别	裸绞线		绝缘线	
	10kV	0.4kV	10kV	0.4kV
公园、绿化区、防护林带垂直（m）	3.0		3.0	

续表

类别		裸绞线		绝缘线	
		10kV	0.4kV	10kV	0.4kV
公园、绿化区、防护林带水平（m）		3.0			1.0
果林、经济林、城市灌木林		1.5			1.0
城市街道绿化树木	垂直（m）	1.5	1.0	0.8	0.2
	水平（m）	2.0	1.0	1.0	0.5

（3）问题描述：10kV 绝缘线与步行可以达到的山坡、峭壁、岩石的净空距离小于 3.5m；10kV 绝缘线与步行不能达到的山坡、峭壁、岩石的净空距离小于 1.5m，如图 2-57 所示。

图 2-57　10kV 绝缘线与步行可以达到的山坡、峭壁、岩石的净空距离不足 1m

违反的标准（规范）条款：国网北京市电力公司的《配电网施工工艺及验收规范》第 6.2.8.8 条的相关规定。

导线与山坡、峭壁、岩石的净空距离不应小于表 14 所列数值。

表 14　　　　　　　　　导线与山坡、峭壁、岩石之间净空距离（m）

线路经过地区	裸绞线		绝缘线	
	10kV	0.4kV	10kV	0.4kV
步行可以达到的山坡、峭壁、岩石	4.5	3.0	3.5	—
步行不能达到的山坡、峭壁、岩石	1.5	1.0	1.5	—

（4）问题描述：10kV 裸绞线及绝缘线在最大弧垂时对居民区最小垂直距离小于 6.5m；非居民区 5.5m；交通困难地区 4.5m；城市道路 7.0m；人行过街桥 5m（裸绞线），人行过街桥 4m（绝缘线），如图 2–58 所示。

图 2–58　交通困难地区裸导线对地面垂直距离不足 4.5m

违反的标准（规范）条款：国网北京市电力公司的《配电网施工工艺及验收规范》第 6.2.8.8 条的相关规定。

导线在最大弧垂时对地面、水面及跨越物的最小垂直距离不应小于表 15 所列数值。

表 15　　　　　　　　　　　导线对地面等跨越物的最小垂直距离

线路经过地区	裸绞线及绝缘线（m）	
	10kV	0.4kV
居民区	6.5	6.0
非居民区	5.5	5.0
交通困难地区	4.5	4.0
至铁路轨顶	7.5	7.5
城市道路	7.0	6.0
至电车行车线	3.0	3.0
至通航河流最高水位	6.0	6.0
至不通航河流最高水位	3.0	3.0
至索道距离	2.0	1.5

续表

线路经过地区		裸绞线及绝缘线（m）	
		10kV	0.4kV
人行过街桥	裸绞线	5.0	4.0
	绝缘线	4.0	3.0

（5）问题描述：10kV 弓子线对邻相导线净空距离小于 300mm；10kV 弓子线对地（拉线、横担、电杆）净空距离小于 200mm，如图 2-59 所示。

（a）边相弓子线对地（横担）净空距离小于 200mm　　　　（b）弓子线对地（拉线）净空距离小于 200mm

图 2-59　10kV 弓子线对地（拉线、横担、电杆）净空距离小于 200mm

违反的标准（规范）条款：国网北京市电力公司的《配电网施工工艺及验收规范》第 6.2.8.8 条的相关规定。

弓子线对邻相导线及对地（拉线、横担、电杆）的净空距离，不应小于表 16 所示数值。

表 16　　　　　　　　　　弓子线对邻相导线及对地净空距离

线路电压等级		弓子线至邻相导线（mm）	弓子线对地（mm）
10kV 线路	裸绞线	300	200
	绝缘线	300	200
0.4kV 线路	裸绞线	150	100
	绝缘线	150	100

（6）问题描述：树线矛盾，超声波及声学成像仪检测有异常声音，如图 2-60 所示。

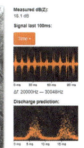

（a）树线矛盾缺陷照片　　　　　　　　（b）声学成像仪检测照片

图 2-60　树线矛盾，超声波及声学成像仪检测存在异常声音，最大数值为 19.43dB（严重）

违反的标准（规范）条款：国网北京市电力公司的《配电网运维规程》第 D.4.2.3 条中
（1）～（3）的相关规定。

> （1）劣化程度在 0dB～10dB 间为"一般缺陷"；
> （2）劣化程度在 11dB～30dB 间为"严重缺陷"；
> （3）劣化程度在 31dB 以上为"危急缺陷"。

（7）问题描述：通道内有违章建筑、堆积物，如图 2-61 所示。

（a）变台下方堆放杂物　　　　　　　（b）杆塔周围存在违章建筑

图 2-61　通道内有违章建筑、堆积物

违反的标准（规范）条款：Q/GDW 745—2012《配电网设备缺陷分类标准》第 4.1.6 条
中 c）–2）的相关规定。

> 2）通道内有违章建筑、堆积物。

2.1.7 设备标识

问题描述：设备无标识、标识缺失或标示错误，如图 2–62 所示。

（a）杆号混乱（旧杆号牌未拆除）

（b）变压器无位号牌、警示牌

图 2–62 设备无标识、标识缺失或标示错误

违反的标准（规范）条款：Q/GDW 745—2012《配电网设备缺陷分类标准》第 4.1.8.1 条中 a）和 b）–2）的相关规定。

> a）设备标识、警示标示错误；
>
> b）–2）无标识或缺少标识。

2.1.8 故障指示器

（1）问题描述：故障指示器缺失或位移，如图 2–63 所示。

（a）中相故障指示器缺失

（b）边相故障指示器位移

图 2–63 故障指示器缺失或位移

违反的标准（规范）条款：国网北京市电力公司的《配电网施工工艺及验收规范》第6.2.9.7条中（1）的相关规定。

> （1）故障指示器采取在线路干线及分段安装，在线路支线首端及分段处安装，在跨街及电缆入地特殊地段处安装，以及在高压用户、小区配电室进线处安装等，一般三相均安装。

（2）问题描述：故障指示器未安装到位，如图2-64所示。

图2-64　故障指示器未安装到位

违反的标准（规范）条款：国网北京市电力公司的《配电网施工工艺及验收规范》第6.2.9.7条中（4）的相关规定。

> （4）故障指示器线夹应夹牢导线，使铁芯闭合。

2.1.9　接地装置

2.1.9.1　接地环

（1）问题描述：接地环缺失，如图2-65所示。

违反的标准（规范）条款：国网北京市电力公司的《配电网施工工艺及验收规范》第6.2.8.9条中（3）的相关规定。

> （3）接地环的安装，一般中相距横担800mm，边相距横担500mm。

（2）问题描述：分段/联络开关前、后一基电杆处，用户分界负荷开关、用户分界隔离开关的负荷侧，丁字杆、十字杆、断连杆、终端杆的一侧或两侧未安装接地环，如图2-66所示。

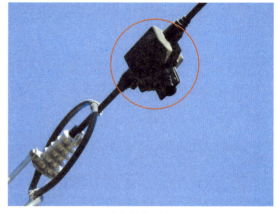

（a）缺陷整体照片　　　　　　　　　　　（b）缺陷局部照片

图 2-65　边相接地环缺失

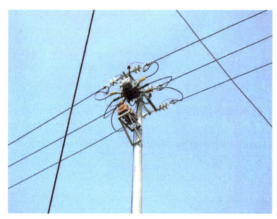

（a）装有开关的电杆整体照片　　　　　　（b）前、后一基电杆均未安装接地环

图 2-66　分段开关前、后一基电杆处均未安装接地环

违反的标准（规范）条款：国网北京市电力公司的《配电网施工工艺及验收规范》第6.2.8.9条中（1）的相关规定。

（1）10kV绝缘线路下列部位应安装接地环：

1）线路分段开关、联络开关前、后一基电杆处；

2）用户分界负荷开关、用户分界隔离开关的负荷侧；

3）丁字杆、十字杆、断连杆、终端杆的一侧或两侧。

2.1.9.2　接地线

（1）问题描述：装有柱上设备的内嵌型杆塔底部内嵌接地装置未有效利用，如图2-67所示。

（a）杆塔底部内嵌接地螺栓断裂

（b）杆塔底部内嵌接地螺栓缺失

（c）杆塔底部接地圆钢引线缺失

（d）杆塔单引接地线未利用内嵌接地装置

图 2-67　装有柱上设备的内嵌型杆塔底部内嵌接地装置未有效利用

违反的标准（规范）条款：国网北京市电力公司的《配电网施工工艺及验收规范》第6.2.10.2 条中（9）的相关规定。

> （9）10kV 线路设备保护及防雷接地在电杆上部、中部与内嵌接地螺母连接；接地钎子在电杆底部与内嵌接地螺母连接。

（2）问题描述：地线钎子与接地圆钢焊口未在地面以下 0.4m，地线钎子砸深不足，如图 2-68 所示。

违反的标准（规范）条款：国网北京市电力公司的《配电网施工工艺及验收规范》第6.1.1.4 条中（2）-3）的相关规定。

> 3）接地体引出线与接地线的焊接口应在地面以下 0.4m，表面除锈并做好防腐处理。

图 2-68　地线钎子与接地圆钢焊口未在地面以下 0.4m，地线钎子砸深不足

（3）问题描述：接地引线采用细铁丝，未按规范要求采用 8mm 圆钢引线与接地棒焊接，如图 2-69 所示。

图 2-69　接地引线采用细铁丝，未按规范要求采用 8mm 圆钢引线与接地棒焊接

违反的标准（规范）条款：国网北京市电力公司的《配电网施工工艺及验收规范》第 6.2.10.2 条中（6）的相关规定。

（6）接地棒（俗称地线钎子）一般采用直径 20mm、长 2m 圆钢，焊接直径 8mm 圆钢引线（搭接长度应为其直径的 6 倍，双面施焊），热镀锌处理。变压器接地装置一般采用双地线钎子，两个钎子之间相距不小于 2m，钎子下端应砸入地下 4m。

（4）问题描述：接地扁钢与圆钢焊接工艺不符合规范要求（存在咬肉、虚焊、未做防腐处理或焊缝长度不足等缺陷），如图 2-70 所示。

（a）存在咬肉、虚焊，且未做防腐处理　　　（b）圆钢与扁钢焊接长度不足圆钢直径的6倍

图 2-70　接地扁钢与圆钢焊接工艺不符合规范要求

违反的标准（规范）条款：国网北京市电力公司的《配电网施工工艺及验收规范》第 6.1.1.4 条中（2）-4）和（2）-5）-b）的相关规定。

> 4）接地体（线）的连接应采用焊接，焊接处焊缝应饱满并有足够的机械强度，不得有夹渣、咬肉、裂纹、虚焊、气孔等缺陷，焊接处的药皮敲净后，刷沥青做防腐处理；
>
> 5）-b）镀锌圆钢焊接长度为其直径的6倍并应双面施焊（当直径不同时，搭接长度以直径大的为准）。

（5）问题描述：接地引线断裂或丢失，如图 2-71 所示。

（a）接地引线断裂　　　　　　　　　（b）接地线丢失

图 2-71　接地引线断裂或丢失

违反的标准（规范）条款：国网北京市电力公司的《配电网运维规程》第 7.11 条中（7）的相关规定。

（7）接地线和接地体的连接是否可靠，接地线是否丢失，接地线绝缘护套是否破损，接地体有无外露、严重锈蚀，在埋设范围内有无土方工程。

2.1.10 户外电缆

2.1.10.1 上杆电缆

（1）问题描述：户外电缆终端处铠装、金属屏蔽层等引出接地线断裂，如图2-72所示。

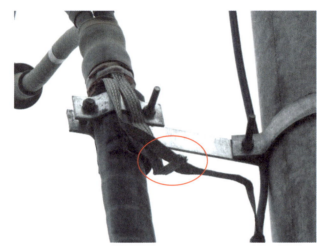

图2-72 户外电缆终端处铠装、金属屏蔽层等引出接地线断裂

违反的标准（规范）条款：国网北京市电力公司的《配电网施工工艺及验收规范》第6.3.4.1条中（2）的相关规定。

（2）在电缆的终端头处，电缆的铠装、金属屏蔽层应分别引出接地线并应良好接地。

（2）问题描述：户外电缆终端头处未装设标志牌，如图2-73所示。

违反的标准（规范）条款：国网北京市电力公司的《配电网施工工艺及验收规范》第6.5.3.8条的相关规定。

在电缆终端头、电缆接头、拐弯处、夹层内、隧道及竖井的两端、人井内等地方，电缆上应装设标志牌。标志牌上应注明线路编号。当无编号时，应写明电缆型号、规格及起止地点；并联使用的电缆应有顺序号。标志牌的字迹应清晰不易脱落。

图 2-73　户外电缆终端头处未装设标志牌

（3）问题描述：电缆外护套破损、变形，如图 2-74 所示。

 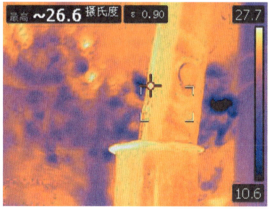

（a）电缆外护套破损　　　　　　　　　（b）红外热成像仪检测照片

图 2-74　电缆外护套破损及检测照片

违反的标准（规范）条款：Q/GDW 745—2012《配电网设备缺陷分类标准》第 4.11.1 条的相关规定。

> 电缆外护套明显破损、变形。

（4）问题描述：电缆与固定金具之间未加装 5mm 橡塑缓冲垫，如图 2-75 所示。

图 2–75　电缆与固定金具间未加装 5mm 橡塑缓冲垫

违反的标准（规范）条款：国网北京市电力公司的《配电网施工工艺及验收规范》第 6.3.4.3 条中（1）–9）的相关规定。

> 9）固定金具与电缆之间应有不小于 5mm 橡塑缓冲垫。

规范做法如图 2–76 所示。

图 2–76　规范做法（电缆与固定金具间加装有 5mm 橡塑缓冲垫）

（5）问题描述：电缆终端头杆避雷器选型不规范（未按要求选用无间隙避雷器），如图 2–77 所示。

（a）缺陷整体照片

（b）缺陷局部照片

图 2-77 电缆终端头杆避雷器选型不规范（未按要求选用无间隙避雷器）

违反的标准（规范）条款：Q/GDW10813—2013《10kV 架空绝缘线路防雷技术导则》第 4.2.13 条的相关规定。

> 柱上无功补偿设备、电缆终端头应装设一组无间隙避雷器，避雷器接地端应与设备金属外壳、电缆终端头铜屏蔽接地线相连并接地。

2.1.10.2 户外电缆终端与弓子线连接处

（1）问题描述：户外电缆终端与弓子线连接处未缠绝缘或绝缘破损，如图 2-78 所示。

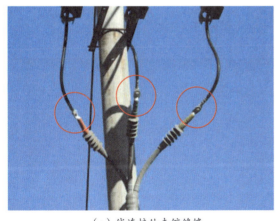
（a）线连接处未缠绝缘

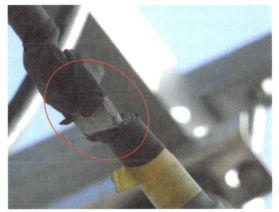
（b）线连接处绝缘包缠破损

图 2-78 户外电缆终端与弓子线连接处未缠绝缘或绝缘破损

违反的标准（规范）条款：国网北京市电力公司的《配电网施工工艺及验收规范》6.3.4.2 条中（2）的相关规定。

> （2）电缆终端和接头应采取加强绝缘、密封防潮、机械保护等措施。

（2）问题描述：户外电缆终端与弓子线连接处搭挂异物或与导线连接处绝缘存在烧蚀痕迹，如图 2-79 所示。

| （a）户外电缆终端接头处未包缠绝缘且边相搭挂树枝 | （b）户外电缆终端与弓子线连接处绝缘存在烧蚀痕迹（严重） |

图 2-79　户外电缆终端与弓子线连接处搭挂异物或与导线连接处绝缘存在烧蚀痕迹

违反的标准（规范）条款：国网北京市电力公司的《配电网运维规程》第 7.3.4 条中（1）和（6）的相关规定。

（1）连接部位是否良好，有无过热现象；
（6）电缆终端头是否有不满足安全距离的异物。

（3）问题描述：户外电缆终端与弓子线连接处温度异常，如图 2-80 所示。

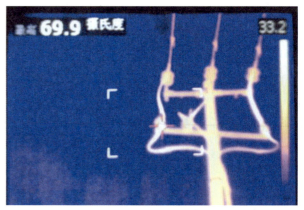

| （a）温度异常的电缆终端照片 | （b）红外热成像仪检测照片 |

图 2-80　边相户外电缆终端温度较高为 69.9℃（经现场停电检查，发现电缆头铜鼻子未采用铜铝过渡端子且压接不实）（严重）

违反的标准（规范）条款：Q/GDW 745—2012《配电网设备缺陷分类标准》中表 B.11

电缆线路设备缺陷库"一般缺陷：电缆终端与弓子线连接处温度异常，75℃＜实测温度 ≤80℃或10K＜相间温差≤30K；严重缺陷：电缆终端与弓子线连接处温度异常，80℃ ＜实测温度≤90℃或30K＜相间温差≤40K；危急缺陷：电缆终端与弓子线连接处温度异常，实测温度＞90℃或相间温差＞40K。"

（4）问题描述：超声波检测户外电缆终端与弓子线连接处有异常声音，如图2-81 所示。

（a）有异常声音的电缆终端照片　　　　　　　（b）超声波仪器检测照片

图2-81　超声波检测户外电缆终端与弓子线连接处有异常声音，最大数值为7.82dB

违反的标准（规范）条款：国网北京市电力公司的《配电网运维规程》第D.4.2.3条中 （1）～（3）的相关规定。

> （1）劣化程度在0dB～10dB间为"一般缺陷"；
> （2）劣化程度在11dB～30dB间为"严重缺陷"；
> （3）劣化程度在31dB以上为"危急缺陷。"

2.1.10.3　电缆护管

（1）问题描述：电缆保护管未封堵，如图2-82所示。

违反的标准（规范）条款：国网北京市电力公司的《配电网运维规程》第7.3.3条中 （9）的相关规定。

> （9）电缆上杆部分保护管及其封口是否完整。

（2）问题描述：上杆电缆本体未加保护管或保护管损坏，如图2-83所示。

图 2-82　电缆保护管未封堵

（a）上杆电缆本休未加保护管

（b）电缆护管破损

图 2-83　上杆电缆本体未加保护管或保护管损坏

违反的标准（规范）条款：国网北京市电力公司的《配电网运维规程》第 7.3.3 条中（9）的相关规定。

> （9）电缆上杆部分保护管及其封口是否完整。

（3）问题描述：上杆电缆护管缺少一道固定抱箍或固定抱箍损坏，如图 2-84 所示。

违反的标准（规范）条款：国网北京市电力公司的《配电网施工工艺及验收规范》第 6.3.4.3 条中（4）–5）的相关规定。

（a）上杆电缆护管缺少一道固定抱箍　　　　（b）电缆护管固定抱箍损坏

图 2-84　上杆电缆护管缺少一道固定抱箍或电缆保护管抱箍损坏

5）电缆上杆时，应以抱箍方式固定保护管（角钢）及保护管外电缆；电缆保护管（角钢）上应安装 2 处抱箍，间隔为 1500mm，电缆本体上应安装若干抱箍，间隔不大于 700mm。

2.2　柱上开关

本节内容重点介绍柱上开关设备的典型缺陷，柱上开关按设备部件分为套管或接头、开关本体、操动机构、自动化终端、铁件、金具、电压互感器、隔离开关、标识、控制电缆等部分。

其中按照《国网北京市电力公司配电网工程典型设计　线路分册　2016 年版》要求不再装设 10kV 柱上隔离开关。

2.2.1　套管或接头

（1）问题描述：柱上开关套管轻度污秽，但表面无明显放电痕迹，如图 2-85 所示。

违反的标准（规范）条款：Q/GDW 745—2012《配电网设备缺陷分类标准》表 B.3 柱上 SF$_6$ 开关设备缺陷库"一般缺陷：套管轻度污秽，但表面无明显放电痕迹；严重缺陷：套管中度污秽，有明显放电痕迹；危急缺陷：套管重度污秽，表面有严重放电痕迹。"

（2）问题描述：柱上开关套管上搭挂异物，如图 2-86 所示。

图 2-85　柱上开关套管表面污秽

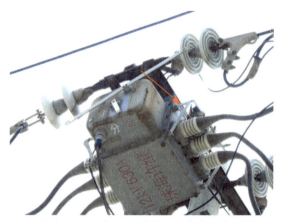

（a）柱上开关电源侧套管上存在异物（死鸟）　　　（b）柱上开关套管上搭挂树枝（未成形鸟窝）

图 2-86　柱上开关套管上搭挂异物

违反的标准（规范）条款：国网北京市电力公司的《配电网运维规程》第 7.2.2 条中（7）的相关规定。

> （7）杆塔周围有无危及安全的鸟窝、风筝及杂物。

（3）问题描述：柱上开关套管或瓷头与弓子线连接处温度异常，如图 2-87 所示。

违反的标准（规范）条款：DL/T 664—2016《带电设备红外诊断应用规范》附录 H 中表 H.1 电流致热型设备缺陷诊断判据："严重缺陷：80℃≤电气设备与金属部件的连接处热点温度≤110℃，或 δ（相对温差）≥80% 但热点温度未达紧急缺陷温度值"。

（4）问题描述：柱上开关套管引线有裂纹（撕裂）或破损、柱上开关瓷套管与引线连接处存在裂口，如图 2-88 所示。

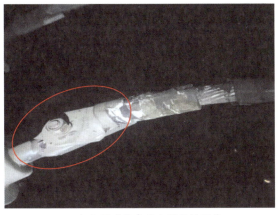

（a）温度异常的电缆终端照片　　　　　　　（b）红外热成像仪检测照片

图 2-87　柱上开关瓷头与弓子线连接处温度异常，最高温度 79℃（处缺发现瓷头与弓子线连接处存在虚接）（严重）

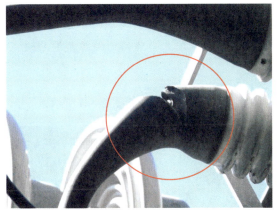

（a）柱上开关瓷套管与引线连接处存在裂口　　　（b）柱上开关套管引线与瓷套连接处开裂

图 2-88　柱上开关套管引线有裂纹（撕裂）或破损、柱上开关瓷套管与引线连接处存在裂口（严重）

违反的标准（规范）条款：Q/GDW 745—2012《配电网设备缺陷分类标准》第 4.2.1 条中 b）-1）的相关规定。

> 1）有裂纹（撕裂）或破损。

2.2.2　开关本体

（1）问题描述：柱上开关瓷头或隔离开关未加护罩，如图 2-89 所示。

（a）柱上开关瓷头未加护罩

（b）隔离开关未加护罩

图 2-89　柱上开关瓷头或隔离开关未加护罩

违反的标准（规范）条款：国网北京市电力公司的《配电网施工工艺及验收规范》第 6.2.9.2 条中（1）-3）的相关规定。

> 3）开关引线与隔离开关或电缆接头连接应使用设备接线端子，与线路主导线连接应使用弹射楔形线夹，连接前开关引线应涮锡，连接应牢固，当线路为绝缘线时应进行绝缘处理。

（2）问题描述：柱上开关外壳未安装接地线或杆塔未有效接地，如图 2-90 所示。

（a）柱上开关外壳未接地

（b）柱上开关杆塔（底部）未有效接地

图 2-90　柱上开关外壳未安装接地线或杆塔未有效接地

违反的标准（规范）条款：国网北京市电力公司的《配电网施工工艺及验收规范》第 6.2.10.2 条中（1）-3）和（9）的相关规定。

> （1）-3）柱上开关外壳必须有良好的接地；
> （9）10kV 线路设备保护及防雷接地在电杆上部、中部与内嵌接地螺母连接；接地钎子在电杆底部与内嵌接地螺母连接。

（3）问题描述：柱上联络开关两侧均未安装避雷器、柱上联络开关仅一侧安装避雷器，如图 2-91 所示。

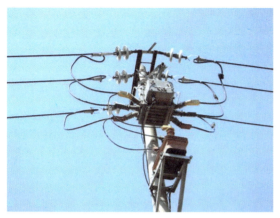　　

（a）柱上联络开关两侧均未安装避雷器　　　　（b）柱上联络开关仅一侧安装避雷器

图 2-91　柱上联络开关两侧均未安装避雷器、柱上联络开关仅一侧安装避雷器

违反的标准（规范）条款：Q/GDW 10813—2023《10kV 架空绝缘线路防雷技术规范》第 4.2.12 条的相关规定。

> 柱上开关应在电源侧装设一组无间隙避雷器，但联络开关、分段开关等经常开路运行且带电的柱上开关，应在开关两侧分别装设一组无间隙避雷器。避雷器接地端应与柱上开关的金属外壳相连并接地，接地装置的工频接地电阻不应超过 10Ω。

（4）问题描述：避雷器接地引线未直接与柱上开关金属外壳接地引线连接后接地，避雷器保护失效，如图 2-92 所示。

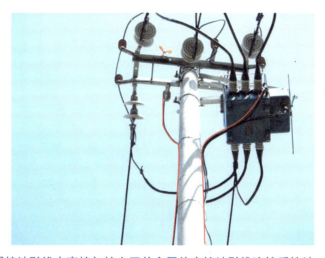

图 2-92　避雷器接地引线未直接与柱上开关金属外壳接地引线连接后接地，避雷器保护失效

违反的标准（规范）条款：Q/GDW 10813—2023《10kV 架空绝缘线路防雷技术规范》第 4.2.12 条的相关规定。

> 柱上开关应在电源侧装设一组无间隙避雷器，但联络开关、分段开关等经常开路运行且带电的柱上开关，应在开关两侧分别装设一组无间隙避雷器。避雷器接地端应与柱上开关的金属外壳相连并接地，接地装置的工频接地电阻不应超过 10Ω。

（5）问题描述：柱上开关引线及避雷器上引线均压接在主导线上，未按典设要求压接在尾线处，如图 2-93 所示。

图 2-93　柱上开关引线及避雷器上引线均压接在主导线上，未按典设要求压接在尾线处

违反的标准（规范）条款：《国网北京市电力公司配电网工程典型设计　线路分册　2016 年版》中图 10-2 耐张柱上真空断路器混凝土电杆（自动化无熔断器）安装图（NK2-15-Ⅰ）。

规范做法如图 2-94 所示。

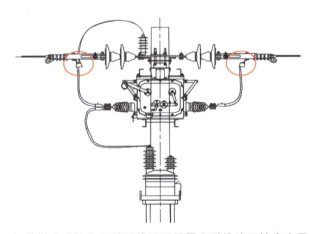

图 2-94　规范做法（柱上开关引线及避雷器上引线均压接在主导线尾线处）

（6）问题描述：柱上开关分合闸操作面及指示面未朝向道路侧，不便于后期观察及操作，如图 2-95 所示。

图 2-95　柱上开关分合闸操作面及指示面未朝向道路侧，不便于后期观察及操作

违反的标准（规范）条款：国网北京市电力公司的《配电网施工工艺及验收规范》第 6.2.9.2 条中（1）-6）的相关规定。

> 6）开关分合闸操作面及指示面应朝向道路侧。

（7）问题描述：柱上开关外壳有锈蚀现象，如图 2-96 所示。

（a）柱上开关外壳锈蚀严重　　　　　　　　　（b）柱上开关外壳有锈蚀

图 2-96　柱上开关外壳有锈蚀现象

违反的标准（规范）条款：国网北京市电力公司的《配电网运维规程》第 7.4.1 条中（1）的相关规定。

> （1）柱上开关外壳有无锈蚀现象。

（8）问题描述：柱上开关本体污秽，如图 2-97 所示。

图 2-97　新装联络开关本体污秽

违反的标准（规范）条款：Q/GDW 745—2012《配电网设备缺陷分类标准》第 4.2.2 条中 c）–2）的相关规定。

> 2）污秽较为严重。

（9）问题描述：柱上开关搭挂异物，如图 2-98 所示。

（a）柱上开关搭挂塑料袋　　　　　　　　　（b）柱上开关搭挂树枝

图 2-98　柱上开关搭挂异物

违反的标准（规范）条款：国网北京市电力公司的《配电网运维规程》第 7.2.2 条中（7）的相关规定。

> （7）杆塔周围有无危及安全的鸟窝、风筝及杂物。

（10）问题描述：柱上开关存在漏气受潮迹象，如图 2-99 所示。

（a）开关瓷套管根部存在漏气受潮迹象　　　　　（b）开关操动机构处存在漏气受潮迹象

图 2-99　柱上开关存在漏气受潮迹象（严重）

违反的标准（规范）条款：国网北京市电力公司的《配电网施工工艺及验收规范》第 6.2.9.2 条中（1）-1）的相关规定。

> 1）柱上开关外观整洁，瓷套管擦拭干净，部件齐全，无损伤。

（11）问题描述：柱上开关外壳底部存在贯穿性裂纹，如图 2-100 所示。

 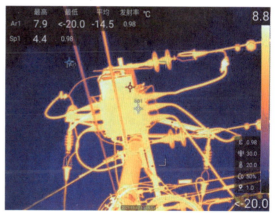

（a）柱上开关裂口照片　　　　　（b）红外热成像仪检测照片

图 2-100　柱上开关外壳底部存在贯穿性裂口（严重）

违反的标准（规范）条款：国网北京市电力公司的《配电网施工工艺及验收规范》第 5.3.4.2 条的相关规定。

> 柱上开关箱体无漆层剥落、锈蚀、损伤现象。

2.2.3 操动机构

（1）问题描述：柱上开关操作大杆碰触悬式绝缘子，如图 2-101 所示。

（a）缺陷整体照片

（b）缺陷局部照片

图 2-101　柱上开关操作大杆碰触悬式绝缘子

违反的标准（规范）条款：国网北京市电力公司的《配电网施工工艺及验收规范》第 6.2.9.3 条中（3）的相关规定。

（3）避免操作杆碰触悬式绝缘子。

（2）问题描述：柱上开关操作杆未在"自动"或"储能"位置，且自动化终端（FTU）有报警声，开关未发挥自动化功能，如图 2-102 所示。

（a）操作大杆未在"自动"位置

（b）操作大杆未在"储能"位置

图 2-102　柱上开关操作大杆未在"自动"或"储能"位置

违反的标准（规范）条款：京电运检〔2014〕56 号《配电自动化建设改造指导意见的通知》第 4.4.2 条中（2）和（4）的相关规定。

> （2）柱上开关均采用馈线终端实现"三遥"；
> （4）柱上开关具备电动操作功能但其控制器不具备通信功能的，通过升级或更换具备通信功能的控制器解决其自动化功能。

2.2.4　自动化终端

（1）问题描述：柱上开关自动化终端（FTU）安装高度不足 5.5m，如图 2-103 所示。

（a）FTU 对地距离不足 3.0m　　　　　　　　　（b）FTU 对地距离不足 1.0m

图 2-103　柱上开关自动化终端（FTU）对地距离不足 5.5m

违反的标准（规范）条款：国网北京市电力公司的《配电网施工工艺及验收规范》第 6.2.9.2 条中（2）-1）-i）的相关规定。

> i）道路两侧的馈线终端宜安装在靠近道路侧，按馈线终端底部距离地面 5.5m 的高度安装固定。通信箱宜安装在馈线终端同侧上方，按通信箱底部距离馈线终端 500mm 的高度安装固定。

（2）问题描述：柱上开关自动化终端（FTU）未安装接地线，如图 2-104 所示。

违反的标准（规范）条款：国网北京市电力公司的《配电网施工工艺及验收规范》第 6.2.9.2 条中（2）-1）-d）的相关规定。

> d）馈线终端外壳应可靠接地。

图 2-104　柱上开关自动化终端（FTU）未安装接地线

（3）问题描述：柱上开关自动化终端（FTU）内存在异物，如图 2-105 所示。

图 2-105　柱上开关自动化终端（FTU）内有异物（马蜂窝）

违反的标准（规范）条款：国网北京市电力公司的《配电网运维规程》第 7.12.3 条中（1）的相关规定。

（1）检查 FTU 外观情况。

（4）问题描述：柱上开关自动化终端（FTU）存在告警信号，如图 2-106 所示。

图 2–106　柱上开关自动化终端（FTU）红灯闪烁，存在告警信号（严重）

违反的标准（规范）条款：国网北京市电力公司的《配电网运维规程》第 7.12.3 条中（3）的相关规定。

> （3）检查 FTU 故障指示灯显示状态是否异常。

2.2.5　铁件、金具

2.2.5.1　线夹

（1）问题描述：柱上开关引线、避雷器上引线与主导线连接处安普线夹未进行绝缘处理，未加装绝缘罩，如图 2–107 所示。

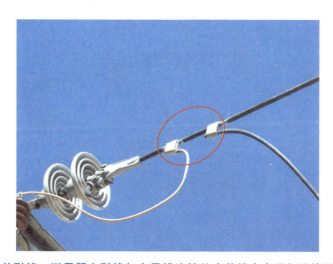

图 2–107　柱上开关引线、避雷器上引线与主导线连接处安普线夹未进行绝缘处理，未加装绝缘罩

违反的标准（规范）条款：国网北京市电力公司的《配电网施工工艺及验收规范》第 6.2.9.2 条中（1）–3）的相关规定。

3）开关引线与隔离开关或电缆头连接应使用设备接线端子，与线路主导线连接应使用弹射楔形线夹，连接前开关引线端头应涮锡，连接应牢固，当线路为绝缘线时应进行绝缘处理。

（2）问题描述：柱上开关引线与主导线连接处线夹温度异常，如图 2-108 所示。

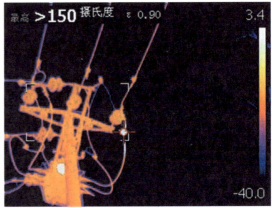

（a）温度异常的安普线夹照片　　　　　　　（b）红外热成像仪检测照片

图 2-108　柱上开关引线与主导线连接处安普线夹温度异常，边相大于 150℃，其他两相为 7.6℃，环境温度为 1℃，相对温差 $\delta > 95.57\%$（危急）

违反的标准（规范）条款：DL/T 664—2016《带电设备红外诊断应用规范》附录 H 中表 H.1 电流致热型设备缺陷诊断判据："危急缺陷：线夹处热点温度 > 130℃，或 δ（相对温差）$\geqslant 95\%$ 且热点温度 > 90℃"。

2.2.5.2　横担

问题描述：柱上开关横担歪斜，如图 2-109 所示。

图 2-109　柱上开关横担歪斜

违反的标准（规范）条款：国网北京市电力公司的《配电网运维规程》第 7.4.1 条中（3）的相关规定。

> （3）开关的固定是否牢固、是否下倾，支架是否歪斜、松动。

2.2.5.3 螺栓

（1）问题描述：柱上开关支架安装长孔未加装平垫圈或受拉力的螺栓未加双螺母，如图 2-110 所示。

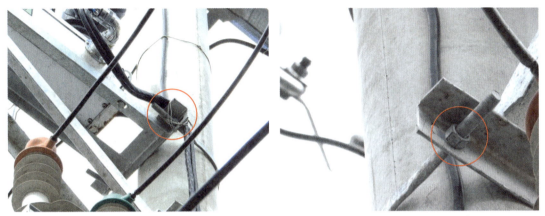

（a）开关支架安装长孔未加装平垫圈 　　（b）开关支架安装受拉力的螺栓未加双螺母

图 2-110　柱上开关支架安装长孔未加装平垫圈或受拉力的螺栓未加双螺母

违反的标准（规范）条款：国网北京市电力公司的《配电网施工工艺及验收规范》第 6.2.4.12 条中（3）的相关规定。

> （3）长孔必须加平垫圈（含变台），每端不超过两个，不得在螺栓上缠绕铁线代替垫圈。

（2）问题描述：开关吊装架背板未采用双螺母固定，如图 2-111 所示。

违反的标准（规范）条款：国网北京市电力公司的《配电网施工工艺及验收规范》第 6.2.9.2 条中（1）-2）的相关规定。

> 2）VSP5 型负荷开关采用吊装式，吊装架所用材料为加强型，角担距杆顶 300mm，角担水平倾斜不大于角担长度的 1/100，开关吊装架固定螺栓应带双母，安装应牢固。

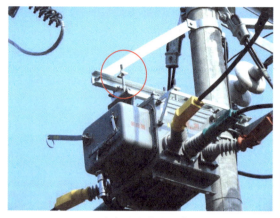
（a）缺陷整体照片

（b）缺陷局部照片

图 2-111　开关吊装架背板未采用双螺母固定

2.2.6　电压互感器

（1）问题描述：电压互感器（TV）引线端子未包缠自固化防水绝缘带材或加装绝缘罩或绝缘罩脱落，如图 2-112 所示。

（a）TV 引线端子未包缠自固化防水绝缘带材或加装绝缘罩

（b）TV 引线端子绝缘罩脱落

图 2-112　电压互感器（TV）引线端子未缠自固化防水绝缘带材或加装绝缘罩或绝缘罩脱落

违反的标准（规范）条款：京电运检〔2016〕67 号《10 千伏架空线路柱上断路器建设运维相关补充条款说明》第 4.2.3 条中（5）的相关规定。

> （5）电压互感器端子处的导体裸露点，应采用自固化防水绝缘包材或绝缘护罩予以绝缘处理。

（2）问题描述：电压互感器（TV）二次控制线与金具交错，未采取防短路绝缘包缠，如图 2-113 所示。

图 2-113 电压互感器（TV）二次控制线与金具交错，未采取防短路绝缘包缠

违反的标准（规范）条款：国网北京市电力公司的《配电网施工工艺及验收规范》第6.2.9.2 条中（2）-1）-k）和（2）-1）-l）的相关规定。

> k）TV 采取有效的绝缘措施，防止蓄电池等交直流电源设备短路；
>
> l）严格查 TV 二次接线，防止短路。

（3）问题描述：三相五柱电压互感器（TV）高压 N 未接地，TV 未起到消谐和监测功能，如图 2-114 所示。

（a）缺陷整体照片

（b）缺陷局部照片

图 2-114 三相五柱电压互感器（TV）高压 N 未接地，TV 未起到消谐和监测功能（严重）

违反的标准（规范）条款：三相五柱式 TV 高压 N 相与二次接地线应分开单独接地，在系统发生单相接地的情况下易因接地不良导致 TV 烧毁。

（4）问题描述：三相五柱电压互感器（TV）高压 N 相与二次接地线未分开单独接地，如图 2-115 所示。

图 2-115　三相五柱电压互感器（TV）高压 N 相与二次接地线未分开单独接地（严重）

违反的标准（规范）条款：三相五柱式 TV 高压 N 相与二次接地线应分开单独接地，在系统发生单相接地的情况下易因接地不良导致 TV 烧毁。

（5）问题描述：电压互感器（TV）安装于负荷侧，未按要求安装在电源侧，如图 2-116 所示。

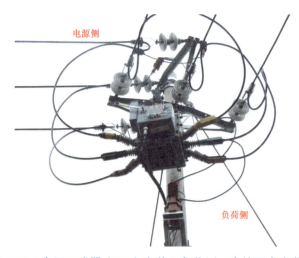

图 2-116　电压互感器（TV）安装于负荷侧，未按要求安装在电源侧

违反的标准（规范）条款：京电运检〔2016〕67 号《10 千伏架空线路柱上断路器建设运维相关补充条款说明》第 4.2.3 条中（1）的相关规定。

> （1）柱上断路器作联络使用时在两侧安装电压互感器，作分段、分支使用时在电源侧安装电压互感器。

（6）问题描述：电压互感器（TV）引线与柱上负荷开关引线连接不规范，如图 2-117 所示。

图 2-117　电压互感器引线与柱上负荷开关引线连接不规范

违反的标准（规范）条款：《国网北京市电力公司配电网工程典型设计　线路分册　2016 年版》中图 10-1 耐张柱上真空负荷开关混凝土电杆（自动化无熔断器）安装图（NK1-15-I）。规范做法如图 2-118 所示。

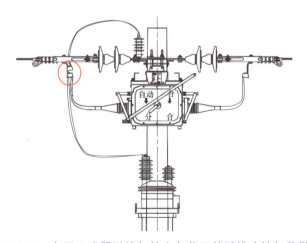

图 2-118　电压互感器引线与柱上负荷开关引线连接规范做法

（7）问题描述：电压互感器（TV）横担上存在鸟窝，如图 2-119 所示。

违反的标准（规范）条款：国网北京市电力公司的《配电网运维规程》第 7.2.2 条中（7）的相关规定。

> （7）杆塔周围有无危及安全的鸟窝、风筝及杂物。

图 2–119　电压互感器（TV）横担上存在鸟窝

（8）问题描述：电压互感器（TV）套管外护套存在缺口或套管上端接口处开裂，如图 2–120 所示。

（a）电压互感器（TV）边相套管外护套存在缺口　　（b）电压互感器（TV）套管上端接口处开裂（严重）

图 2–120　电压互感器（TV）套管外护套存在缺口或套管上端接口处开裂

违反的标准（规范）条款：国网北京市电力公司的《配电网施工工艺及验收规范》第 6.2.9.2 条中（2）–2）–a）的相关规定。

> a）电压互感器本体及套管完好。

（9）问题描述：电压互感器（TV）套管歪斜或脱落，如图 2–121 所示。

（a）边相电压互感器（TV）套管歪斜（严重）　　　（b）电压互感器（TV）套管脱落（严重）

图 2-121　电压互感器（TV）套管歪斜或脱落（严重）

违反的标准（规范）条款：国网北京市电力公司的《配电网施工工艺及验收规范》第 6.2.9.2 条中（2）-2）-a）的相关规定。

a）电压互感器本体及套管完好。

（10）问题描述：电压互感器（TV）引线有烧蚀痕迹，如图 2-122 所示。

（a）缺陷整体照片　　　　　　　　　　（b）缺陷局部照片

图 2-122　电压互感器（TV）引线与树枝摩擦且有烧蚀痕迹（严重）

违反的标准（规范）条款：国网北京市电力公司的《配电网运维规程》第 7.2.4 条中（1）的相关规定。

（1）导线有无烧伤痕迹。

（11）问题描述：电压互感器（TV）引线开断，如图 2-123 所示。

图 2-123　电压互感器（TV）引线开断（危急）

违反的标准（规范）条款：国网北京市电力公司的《配电网运维规程》第 7.4.1 条中（4）的相关规定。

（4）各个电气连接点连接是否可靠。

（12）问题描述：超声波及声学成像仪检测电压互感器（TV）有异常声音，如图 2-124 所示。

（a）有异常声音的 TV 套管照片

（b）声学成像仪检测照片

图 2-124　超声波及声学成像仪检测电压互感器（TV）套管处有异常声音，最大数值为 14.10dB （且 TV 套管上端接口处疑似开裂）（严重）

违反的标准（规范）条款：国网北京市电力公司的《配电网运维规程》第 D.4.2.3 条中（1）～（3）的相关规定。

（1）劣化程度在 0dB ～ 10dB 间为"一般缺陷"；
（2）劣化程度在 11dB ～ 30dB 间为"严重缺陷"；
（3）劣化程度在 31dB 以上为"危急缺陷"。

2.2.7 隔离开关

2.2.7.1 支持绝缘子

（1）问题描述：隔离开关支持绝缘子表面污秽，如图 2-125 所示。

图 2-125 隔离开关支持绝缘子表面污秽

违反的标准（规范）条款：Q/GDW 745—2012《配电网设备缺陷分类标准》中表 B.4 柱上隔离开关设备缺陷库"一般缺陷：支持绝缘子轻度污秽，但表面无明显放电；严重缺陷：支持绝缘子中度污秽，有明显放电；危急缺陷：支持绝缘子重度污秽，表面有严重放电痕迹。"

（2）问题描述：隔离开关支持绝缘子有裂纹（撕裂）或破损，如图 2-126 所示。

图 2-126 隔离开关中相支持绝缘子破损（严重）

违反的标准（规范）条款：Q/GDW 745—2012《配电网设备缺陷分类标准》中表 B.4

柱上隔离开关设备缺陷库"支持绝缘子外壳有裂纹（撕裂）或破损。"

2.2.7.2　隔离开关本体

（1）问题描述：隔离开关未加护罩、护罩缺失或护罩破损，如图 2-127 所示。

（a）隔离开关未加护罩　　　　　　　　　（b）隔离开关护罩破损

图 2-127　隔离开关未加护罩、护罩缺失或护罩破损

违反的标准（规范）条款：国网北京市电力公司的《配电网运维规程》第 7.1.11.3 条中（8）的相关规定。

> （8）刀闸护罩是否完好。

注：此处"刀闸"为隔离开关。

（2）问题描述：隔离开关上存在鸟窝，如图 2-128 所示。

图 2-128　隔离开关上存在鸟窝

违反的标准（规范）条款：国网北京市电力公司的《配电网运维规程》第 7.2.2 条中（7）的相关规定。

> （7）杆塔周围有无危及安全的鸟窝、风筝及杂物。

（3）问题描述：隔离开关本体温度异常，如图 2-129 所示。

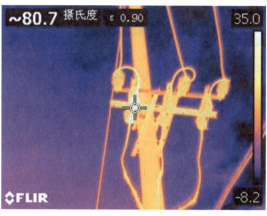

（a）温度异常的隔离开关整体照片   （b）红外热成像仪检测照片

图 2-129　边相隔离开关温度较高为 80.7℃（其他两相温度 27℃），相对温差大于 80%（且隔离开关未加护罩）（严重）

违反的标准（规范）条款：DL/T 664—2016《带电设备红外诊断应用规范》附录 H 中表 H.1 电流致热型设备缺陷诊断判据："一般缺陷：隔离开关处 δ（相对温差）≥ 35% 但热点温度未达到严重缺陷温度值；严重缺陷：90℃≤隔离开关处热点温度≤ 130℃，或 δ（相对温差）≥ 80% 但热点温度未达紧急缺陷温度值；危急缺陷：隔离开关处热点温度 > 130℃，或 δ（相对温差）≥ 95% 且热点温度 > 90℃"。

2.2.8　标识

问题描述：柱上开关无调度号，如图 2-130 所示。

图 2-130　柱上开关无杆号牌及调度号

违反的标准（规范）条款：国网北京市电力公司的《配电网施工工艺及验收规范》第6.5.2.5条的相关规定。

> 柱上负荷开关需安装开关调度号牌。

2.2.9　控制电缆

（1）问题描述：柱上开关控制电缆未按要求制作回弯并与开关底部槽钢进行固定，航空插头受力，如图2-131所示。

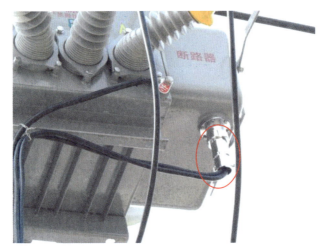

图2-131　柱上开关控制电缆未制作回弯并与开关底部槽钢进行固定，航空插头受力

违反的标准（规范）条款：国网北京市电力公司的《配电网施工工艺及验收规范》第6.2.9.2条中2）-1）-m）的相关规定。

> m）控制电缆及二次回路整线对线时要注意察看电线表皮是否有破损，不得使用表皮破损的电线，每对完一根电线就应立即套上标有编号的号码管。控制电缆应有固定点，确保航空插头不受应力，引下线应有防水弯。

规范做法如图2-132所示。

（2）问题描述：FTU二次控制电缆两端未粘贴号码管，易造成控制信号混淆，如图2-133所示。

违反的标准（规范）条款：国网北京市电力公司的《配电网施工工艺及验收规范》第6.2.9.2条中（2）-1）-g）的相关规定。

> g）控制电缆按设计规范连接，不与原有一二次接线交错，控制电缆两端应整线对线，粘贴标识，接线要求可靠、整齐、美观。

图 2-132　规范做法（柱上开关控制电缆制作有回弯并与开关底部槽钢进行固定）

图 2-133　FTU 二次控制电缆两端未粘贴号码管

（3）问题描述：柱上开关二次控制电缆未加装半圆防踏护管或半圆防踏护管未使用抱箍进行间隔固定，如图 2-134 所示。

（a）柱上开关二次控制电缆未安装半圆防踏护管对二次控制电缆进行保护

图 2-134　柱上开关二次控制电缆未加装半圆防踏护管或半圆防踏护管未使用抱箍进行间隔固定（一）

（b）柱上开关二次控制电缆穿管保护后未使用抱箍进行间隔固定

图 2-134　柱上开关二次控制电缆未加装半圆防踏护管或半圆防踏护管未使用抱箍进行间隔固定（二）

违反的标准（规范）条款：国网北京市电力公司的《配电网施工工艺及验收规范》第 6.2.9.2 条中（2）-1）-n）的相关规定。

n）一次开关与馈线终端的控制电缆、TV 与馈线终端的控制电缆应穿管保护，并使用抱箍固定牢固。

规范做法如图 2-135 和图 2-136 所示。

图 2-135　规范做法（柱上开关二次控制电缆安装有半圆防踏护管且采用抱箍进行间隔固定）

图 2-136　规范做法（柱上开关控制电缆穿管保护后使用抱箍进行间隔固定）

2.3　线路避雷器

本节内容重点介绍线路避雷器的典型缺陷，线路避雷器按设备部件分为本体、上引线、接地端部分。

其中棒型间隙避雷器因存在角度、间隙距离不易控制等方面的缺陷，已逐步被固定外间隙避雷器取代。部分存量也将结合综合检修等改造项目逐步更替。

环形外间隙避雷器、老式阀型避雷器、防雷穿刺线夹等老旧防雷设备在新建线路及改造线路中将不再采用，对于目前线路中存在的部分，将结合改造工程逐步进行替换。

2.3.1　本体

2.3.1.1　避雷器本体

（1）问题描述：线路末端杆未安装避雷器，如图 2-137 所示。

图 2-137　线路末端杆未安装避雷器

违反的标准（规范）条款：国网北京市电力公司的《配电网施工工艺及验收规范》第 6.2.10.1 条中（1）-5）的相关规定。

> 5）雷雨季节的 10kV 架空线路无负荷的末端（必须装设无间隙避雷器）。

（2）问题描述：避雷器本体破损或本体脱落或伞裙破裂或伞裙脏污，如图 2-138 所示。

（a）避雷器本体破损（严重）

（b）避雷器本体脱落（严重）

（c）避雷器伞裙皲裂

（d）避雷器伞裙脏污

图 2-138　避雷器本体破损或本体脱落或伞裙皲裂或伞裙脏污

违反的标准（规范）条款：Q/GDW 745—2012《配电网设备缺陷分类标准》第 4.6.1.1 条中 a）-1）、b）-4）和 c）-2）相关规定。

> a）-1）严重破损；
>
> b）-4）本体或引线脱落；
>
> c）-2）污秽较为严重，但表面无明显放电痕迹。

（3）问题描述：避雷器缺失，如图 2-139 所示。

图 2-139　部分避雷器缺失

违反的标准（规范）条款：国网北京市电力公司的《配电网施工工艺及验收规范》第6.2.9.6 条中（3）–1）的相关规定。

> 1）避雷器接地端（无导线端）固定在避雷器安装板一侧，将避雷器固定牢固。

（4）问题描述：环形外间隙避雷器、老式阀型避雷器、防雷穿刺线夹未更换，如图 2-140 所示。

违反的标准（规范）条款：京电运检〔2016〕68 号《国网北京市电力公司"煤改电"建设改造技术细则》第 4.1.4.10 条的相关规定。

> 结合建设改造淘汰非复合外套氧化锌避雷器、防雷穿刺线夹、环形间隙避雷器。架空线路应安装固定外间隙复合外套氧化锌避雷器，柱上变压器、开关、电缆终端头等设备应安装无间隙复合外套氧化锌避雷器。避雷器应采用上引线与本体一体化结构型式。

（a）环形外间隙避雷器未更换

（b）阀型避雷器未更换

图 2-140　环形外间隙避雷器、老式阀型避雷器、防雷穿刺线夹未更换（一）

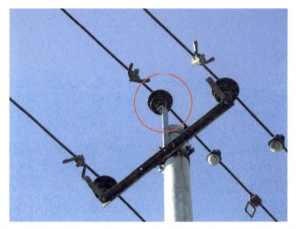

（c）防雷穿刺线夹未更换（且中相防雷穿刺线夹引弧板缺失）

图 2-140　环形外间隙避雷器、老式阀型避雷器、防雷穿刺线夹未更换（二）

（5）问题描述：超声波及声学成像仪检测避雷器处有异常声音，如图 2-141 所示。

　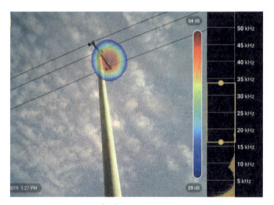

（a）有异常声音的避雷器照片　　　（b）声学成像仪检测照片

图 2-141　超声波及声学成像仪检测避雷器处有异常声音

违反的标准（规范）条款：国网北京市电力公司的《配电网运维规程》第 D.4.2.3 条中（1）～（3）的相关规定。

> （1）劣化程度在 0dB～10dB 间为"一般缺陷"；
> （2）劣化程度在 11dB～30dB 间为"严重缺陷"；
> （3）劣化程度在 31dB 以上为"危急缺陷"。

2.3.1.2　棒型间隙避雷器

问题描述：棒型间隙避雷器上端放电棒未与绝缘导线垂直、放电棒与导线距离不足 55mm、放电棒上方对应导线处未开孔、放电棒缺失，如图 2-142 所示。

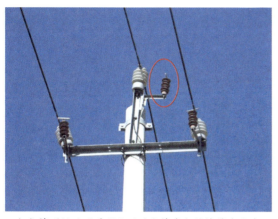

（a）棒型间隙避雷器上端放电棒未与绝缘导线垂直

（b）放电棒与导线距离不足55mm

（c）棒型间隙避雷器放电棒上端对应导线处未开孔

（d）边相棒型间隙避雷器上端放电棒缺失

图 2-142　棒型间隙避雷器放电棒未与绝缘导线垂直、放电棒与导线距离不足55mm、放电棒上方对应导线处未开孔、放电棒缺失

违反的标准（规范）条款：国网北京市电力公司的《配电网施工工艺及验收规范》第6.2.9.6条中（2）-3）的相关规定。

3）棒型间隙避雷器上端放电棒与绝缘导线成垂直状态，用55mm长的专用量尺在避雷器上方档距侧确定开孔中心位置，使用专用掏孔器，将绝缘破口（6.5mm×12mm）。

2.3.1.3　外间隙避雷器

（1）问题描述：固定外间隙避雷器安装方向错误（间隙处易搭挂异物），如图2-143所示。

图 2-143　边相固定外间隙避雷器安装方向错误（间隙处易搭挂异物）

违反的标准（规范）条款：国网北京市电力公司的《配电网施工工艺及验收规范》第6.2.9.6 条中（3）的相关规定。

（3）边相避雷器采取吊装，中相避雷器向上安装。

（2）问题描述：外间隙避雷器两电极未对正，如图 2-144 所示。

图 2-144　外间隙避雷器两电极未对正

违反的标准（规范）条款：《国网北京市电力公司配电网工程典型设计　线路分册 2016 年版》中图 7-1 直线混凝土电杆安装图（Z1-15-Ⅰ）。

规范做法如图 2-145 所示。

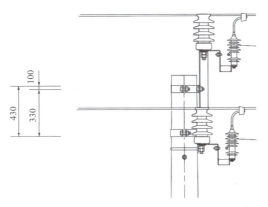

图 2-145　规范做法（外间隙避雷器两电极对正安装）

（3）问题描述：固定外间隙避雷器间隙附近搭挂树枝，易造成放电，如图 2-146 所示。

（a）缺陷整体照片　　　　　　　　　（b）缺陷局部照片

图 2-146　固定外间隙避雷器间隙附近搭挂树枝，易造成放电（严重）

违反的标准（规范）条款：国网北京市电力公司的《配电网运维规程》第 7.2.2 条中
（7）的相关规定。

（7）杆塔周围有无危及安全的鸟窝、风筝及杂物。

2.3.2　上引线

（1）问题描述：避雷器上引线未采用安普线夹与导线连接，如图 2-147 所示。

 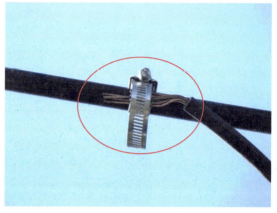

（a）缺陷整体照片　　　　　　　　　（b）缺陷局部照片

图 2-147　避雷器上引线未采用安普线夹与导线连接且连接处导线未剥除绝缘（严重）

违反的标准（规范）条款：国网北京市电力公司的《配电网施工工艺及验收规范》第 6.2.9.6 条中（3）-4）的相关规定。

4）剥除避雷器绝缘引线及绝缘弓子线的绝缘层 50mm，将避雷器引线与弓子线用弹射楔形线夹固定，采用绝缘卷材恢复绝缘。

（2）问题描述：避雷器上引线与本体连接处未缠绝缘，如图 2-148 所示。

图 2-148　避雷器上引线与本体连接处未缠绝缘

违反的标准（规范）条款：京电运检〔2015〕64 号《配电网建设改造相关技术标准》第五条的相关规定。

绝缘线路线夹、避雷器接头、导线等裸露点采用硅橡胶材质的"自固化绝缘防水包材"进行包缠恢复绝缘。

（3）问题描述：避雷器上引线与本体脱离、上引线断裂、上引线脱落或上引线有受力影响，如图2-149所示。

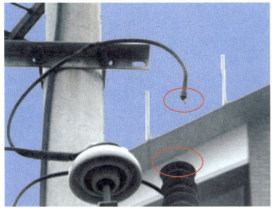

（a）避雷器上引线与本体脱离（严重）

（b）避雷器上引线断裂（严重）

（c）安普线夹压接不实致使避雷器上引线脱落（严重）

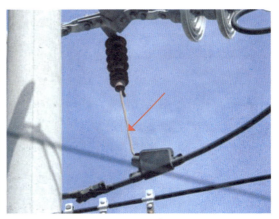

（d）避雷器上引线有受力影响

图2-149 避雷器上引线与本体脱离、上引线断裂、上引线脱落或上引线有受力影响

违反的标准（规范）条款：国网北京市电力公司的《配电网施工工艺及验收规范》第6.2.9.6条中（1）-5）的相关规定。

> 5）避雷器引线应短且直，连接牢固，不应使其承受外加应力。

（4）问题描述：避雷器上引线与外护套间密封不严密，如图2-150所示。

图 2-150　避雷器上引线与本体连接处开裂，连接处密封不严密，易导致避雷器本体进水（严重）

违反的标准（规范）条款：Q/GDW 11255—2014《配电网避雷器选型技术原则和检测技术规范》第 5.1.8 条的相关规定。

> 架空线路无间隙避雷器与绝缘线路连接，一般配置预制绝缘引线或配置绝缘罩防护。预制的绝缘引线或绝缘罩内不应积水，应避免积水对引线及接线端子的腐蚀。

（5）问题描述：避雷器上引线为裸线，如图 2-151 所示。

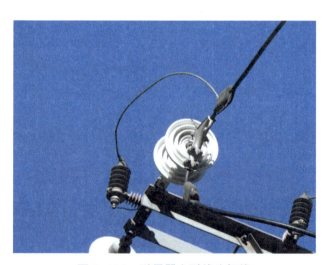

图 2-151　避雷器上引线为裸线

违反的标准（规范）条款：国网北京市电力公司的《配电网施工工艺及验收规范》中表 C.10 避雷器与接地安装分项工程质量检验评定表 "10kV 无间隙避雷器上引线要求：配置绝缘上引线，无存水可能。"

（6）问题描述：避雷器上引线存在接头且绝缘包缠不严，接头与线夹接触处存在放电痕迹，超声波检测存在异声，如图 2-152 所示。

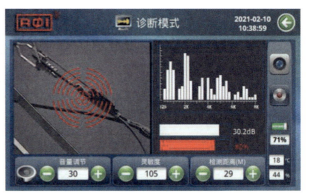

（a）避雷器上引线存在接头且接头与线夹接触处   （b）声学成像仪检测照片
有异常声音

图 2-152　避雷器上引线存在接头且绝缘包缠不严，接头与线夹接触处存在放电痕迹，超声波检测
存在异声（严重）

违反的标准（规范）条款：国网北京市电力公司的《配电网运维规程》第 D.4.2.3 条中
（1）～（3）的相关规定。

> （1）劣化程度在 0dB～10dB 间为"一般缺陷"；
> （2）劣化程度在 11dB～30dB 间为"严重缺陷"；
> （3）劣化程度在 31dB 以上为"危急缺陷"。

（7）问题描述：避雷器上引线有烧蚀痕迹，如图 2-153 所示。

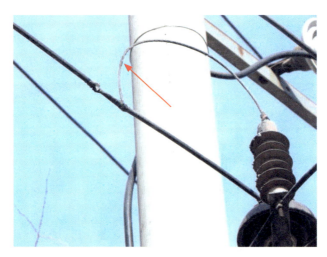

图 2-153　避雷器上引线有烧蚀痕迹（严重）

违反的标准（规范）条款：国网北京市电力公司的《配电网运维规程》第 7.2.4 条中
（1）的相关规定。

（1）导线有无烧伤痕迹。

（8）问题描述：避雷器上引线与主导线连接线夹温度异常，如图 2-154 所示。

（a）温度异常的线夹照片　　　　　　　　（b）红外热成像仪检测照片

图 2-154　红外热成像检测边相弓子线与避雷器引线连接线夹处温度较高为 21.9℃，正常相温度为 0.5℃，环境温度参照体温度为 -1℃，相对温差 δ=93.45%（严重）

违反的标准（规范）条款：DL/T 664—2016《带电设备红外诊断应用规范》附录 H 中表 H.1 电流致热型设备缺陷诊断判据："一般缺陷：线夹处 δ（相对温差）≥35% 但热点温度未达到严重缺陷温度值；严重缺陷：90℃≤线夹处热点温度≤130℃，或 δ（相对温差）≥80% 但热点温度未达紧急缺陷温度值；危急缺陷：线夹处热点温度＞130℃，或 δ（相对温差）≥95% 且热点温度＞90℃"。

2.3.3　接地端

问题描述：避雷器接地端螺母松动／脱落，如图 2-155 所示。

（a）中相避雷器接地端螺母松动　　　　　（b）避雷器接地端螺母脱落导致避雷器歪斜

图 2-155　避雷器接地端螺母松动／脱落

违反的标准（规范）条款：国网北京市电力公司的《配电网施工工艺及验收规范》第 6.2.9.6 条中（3）-1）的相关规定。

> 1）将避雷器接地端（无导线端）固定在避雷器安装板一侧，将避雷器固定牢固。

2.4 柱上变台（紧凑型变台）

本节内容重点介绍柱上变台（紧凑型变台）的典型缺陷，柱上变台（紧凑型变台）按设备部件分为柔性电缆，肘型电缆终端，高、低压瓷头，变压器本体，变台接地，变台安装，跌落式熔断器，支柱式避雷器，低压配电箱（JP柜），通道，变压器围栏，标识等部分。

其中喷射式熔断器因本体设计方面的缺陷，目前逐步退出使用。变台肘型头由于对施工工艺要求较高，存在肘型头安装不到位、接地不规范、防水密封不严密等施工质量问题，致使肘型头故障频发，后续也不再采用肘型头，选用瓷套管变压器，同时做好绝缘防护。

2.4.1 柔性电缆

（1）问题描述：柔性电缆扭曲受力，如图 2-156 所示。

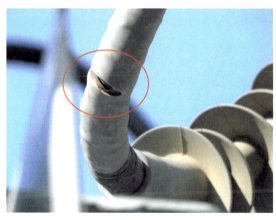 

（a）柔性电缆扭曲受力，铜屏蔽外露（严重）　　　（b）中相柔性电缆扭曲受力

图 2-156　柔性电缆扭曲受力

违反的标准（规范）条款：国网北京市电力公司的《配电网施工工艺及验收规范》第 6.2.9.1 条中（5）-3）的相关规定。

> 3）引线架设应横平竖直，不应松弛扭曲，固定、连接应牢固。

（2）问题描述：柔性电缆伞裙安装方向不正确，未起到防雨、防污作用，如图 2-157 所示。

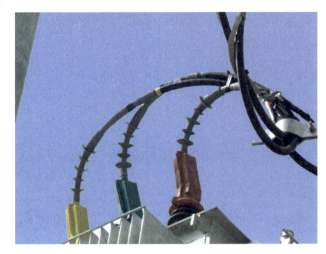

图 2-157   柔性电缆伞裙安装方向不正确

违反的标准（规范）条款：国网北京市电力公司的《配电网施工工艺及验收规范》第 6.2.9.1 条中（5）-1）的相关规定。

> 1）三相变台 10kV 引线均采用互绞电缆引线，互绞引线伞裙方向应正确，起到防雨、防污作用。

（3）问题描述：沿主杆敷设的 10kV 柔性电缆固定间距大于 1000mm，如图 2-158 所示。

图 2-158   沿主杆敷设的 10kV 柔性电缆固定间距大于 1000mm

违反的标准（规范）条款：《国网北京市电力公司配电网工程典型设计　线路分册　2016 年版》中图 14-4 紧凑型柱上变压器安装图（Ⅱ型配电箱熔断器低位安装）（BT4-15-Ⅰ）。

规范做法如图 2-159 所示。

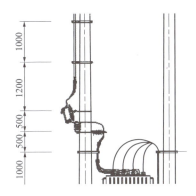

图 2-159　规范做法（10kV 柔性电缆按 1000mm 间距进行固定）

（4）问题描述：柔性电缆铜屏蔽接地线处于悬空状态，未可靠接地，如图 2-160 所示。

（a）缺陷整体照片　　　　　　　　　　　（b）缺陷局部照片

图 2-160　柔性电缆铜屏蔽接地线处于悬空状态，未可靠接地（严重）

违反的标准（规范）条款：国网北京市电力公司的《配电网施工工艺及验收规范》第 6.2.9.1 条中（5）-1）的相关规定。

> 1）10kV 互绞电缆接地线从上部终端铜屏蔽层引出，应与接地线连接牢固。

（5）问题描述：柔性电缆处存在异物，如图 2-161 所示。

违反的标准（规范）条款：国网北京市电力公司的《配电网运维规程》第 7.2.2 条中（7）的相关规定。

> （7）杆塔周围有无藤蔓类攀岩植物和其他附着物，有无危及安全的鸟窝、风筝及杂物。

（a）柔性电缆处存在树枝　　　　　　　　　　（b）柔性电缆处存在鸟窝

图 2-161　柔性电缆处存在树枝、鸟窝（严重）

（6）问题描述：超声波及声学成像仪检测柔性电缆处有异常声音，如图 2-162 所示。

（a）有异常声音的柔性电缆照片　　　　　　　　（b）声学成像仪检测照片

图 2-162　超声波及声学成像仪检测柔性电缆搭接处存在两处异常声音（搭接处疑似存在放电烧蚀
痕迹），最大数值为 27.11dB（严重）

违反的标准（规范）条款：国网北京市电力公司的《配电网运维规程》第 D.4.2.3 条中
（1）～（3）的相关规定。

（1）劣化程度在 0dB～10dB 间为"一般缺陷"；
（2）劣化程度在 11dB～30dB 间为"严重缺陷"；
（3）劣化程度在 31dB 以上为"危急缺陷"。

2.4.2　肘型电缆终端

（1）问题描述：肘型头端部防水密封不严密或肘型头未按要求采用挂钩、横档和压板
进行固定，如图 2-163 所示。

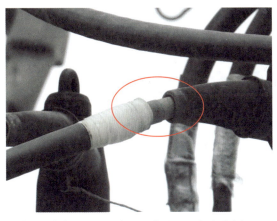

（a）肘型头端部防水密封不严密（严重）　　　　（b）变压器肘型头未采用挂钩、横档和压板进行固定

图 2-163　肘型头端部防水密封不严密或肘型头未按要求采用挂钩、横档和压板进行固定

违反的标准（规范）条款：国网北京市电力公司的《配电网施工工艺及验收规范》第 5.3.3.7 条的相关规定。

> 变压器肘型电缆插头为全屏蔽方式，铜屏蔽层和外屏蔽层配置接地线，配置与变压器高压套管底座连接固定用的挂钩、横档和压板。肘型电缆插头应配置绝缘罩，密封严密，无进水现象。

规范做法如图 2-164 和图 2-165 所示。

图 2-164　规范做法（肘型头端部防水严密）

图 2-165　规范做法（肘型头采用挂钩、横档和压板固定）

（2）问题描述：变压器肘型电缆终端未安装到位（黄色定位标记环外露），如图 2-166 所示。

（a）缺陷整体照片

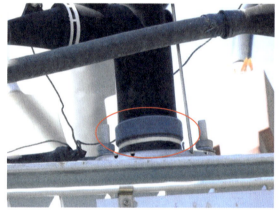
（b）缺陷局部照片

图 2-166　变压器肘型电缆终端未安装到位（黄色定位标记环外露）（严重）

违反的标准（规范）条款：国网北京市电力公司的《配电网运维规程》第 7.7.1 条中（2）的相关规定。

（2）肘型头与变压器套管插合是否严实。

（3）问题描述：肘型电缆终端处存在烧蚀碳化痕迹，如图 2-167 所示。

图 2-167 肘型电缆终端处存在烧蚀碳化痕迹（严重）

违反的标准（规范）条款：国网北京市电力公司的《配电网运维规程》第 7.7.1 条中（1）的相关规定。

（1）部件接头接触是否良好，有无过热变色、烧熔现象。

（4）问题描述：超声波及声学成像仪检测肘型电缆终端处有异常声音，如图 2-168 所示。

（a）有异常声音的肘型电缆终端照片

（b）声学成像仪检测照片

图 2-168 超声波及声学成像仪检测中相肘型电缆终端处存在异常声音，最大数值为 16.33dB（严重）

违反的标准（规范）条款：国网北京市电力公司的《配电网运维规程》第 D.4.2.3 条中（1）～（3）的相关规定。

（1）劣化程度在 0dB ～ 10dB 间为"一般缺陷"；
（2）劣化程度在 11dB ～ 30dB 间为"严重缺陷"；
（3）劣化程度在 31dB 以上为"危急缺陷"。

2.4.3 高、低压瓷头

（1）问题描述：变压器高、低压瓷头未加护罩或护罩缺失，如图 2-169 所示。

（a）高、低压瓷头未加护罩　　　　　　（b）低压瓷头护罩缺失

图 2-169　变压器高、低压瓷头未加护罩或护罩缺失

违反的标准（规范）条款：国网北京市电力公司的《配电网施工工艺及验收规范》第 6.2.9.1 条中（9）的相关规定。

（9）变压器高、低压接线端子应配置有绝缘护罩，安装完好。

（2）问题描述：0.4kV 低压电缆未采用双孔压接端子与变压器低压双孔式抱杆式线夹进行连接，如图 2-170 所示。

图 2-170　0.4kV 低压电缆采用单孔端子与变压器低压双孔式抱杆式线夹连接，未按要求采用双孔端子进行连接

违反的标准（规范）条款：国网北京市电力公司的《配电网施工工艺及验收规范》第

6.2.9.1 条中（6）–2）的相关规定。

> 2）变台二次引线由变压器至综控箱，一侧采用双孔压接端子与变压器双孔式抱杆式线夹连接。

规范做法如图 2-171 所示。

图 2-171　规范做法（0.4kV 低压电缆采用双孔端子与变压器低压双孔式抱杆式线夹进行压接）

（3）问题描述：变压器高、低压瓷头护罩存在烧蚀痕迹，如图 2-172 所示。

（a）变压器高压瓷头护罩有烧蚀痕迹　　　　　　（b）变压器低压瓷头护罩有烧蚀痕迹

图 2-172　变压器高、低压瓷头护罩有烧蚀痕迹（严重）

违反的标准（规范）条款：国网北京市电力公司的《配电网运维规程》第 7.7.1 条中（1）的相关规定。

> （1）部件接头接触是否良好，有无过热变色、烧熔现象。

（4）问题描述：变压器瓷套管裙边损伤，如图 2-173 所示。

（a）缺陷整体照片

（b）缺陷局部照片

图 2-173　变压器瓷套管裙边损伤（严重）

违反的标准（规范）条款：国网北京市电力公司的《配电网运维规程》第 7.7.1 条中（2）的相关规定。

> （2）变压器套管是否清洁，有无裂纹、击穿、烧损和严重污秽，瓷套裙边损伤面积不应超过 100mm²。

（5）问题描述：变压器导线接头及外部连接处温度异常，如图 2-174 所示。

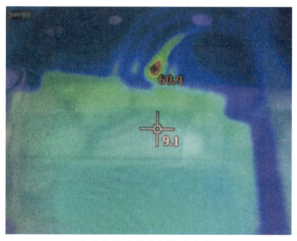

（a）红外热成像仪检测照片

（b）现场抢修温度异常接线端子的照片

图 2-174　低压侧 A 相接线柱过热，温度为 60.9℃，环境温度为 9.1℃，相对温差 δ=85%（停电检查发现低压瓷头与电缆终端接线端子处存在烧蚀痕迹）（严重）

违反的标准（规范）条款：Q/GDW 745—2012《配电网设备缺陷分类标准》中表 B.9 配电变压器设备缺陷库"一般缺陷：导线接头及外部连接处温度异常，连接处 75℃＜实测温度≤80℃或10K＜相间温差≤30K；严重缺陷：导线接头及外部连接处温度异常，连接处80℃＜实测温度≤90℃或30K＜相间温差≤40K；危急缺陷：导线接头及外部连接处温度异常，连接处实测温度＞90℃或相间温差＞40K"。

2.4.4 变压器本体

2.4.4.1 变压器

（1）问题描述：变压器上搭落金属丝、树枝等异物，如图2-175所示。

（a）变压器上搭挂塑料袋及树枝 　　　　（b）变压器上搭挂树枝

图2-175 变压器上搭挂异物

违反的标准（规范）条款：国网北京市电力公司的《配电网运维规程》第7.7.1条中（13）的相关规定。

> （13）变压器上有无搭落金属丝、树枝等，有无藤蔓类植物附生。

（2）问题描述：变压器外壳锈蚀，如图2-176所示。

图2-176 变压器外壳锈蚀

违反的标准（规范）条款：国网北京市电力公司的《配电网运维规程》第 7.7.1 条中（4）的相关规定。

> （4）配电变压器外壳有无脱漆、锈蚀。

（3）问题描述：变压器散热片变形，如图 2-177 所示。

图 2-177　变压器散热片变形

违反的标准（规范）条款：国网北京市电力公司的《配电网施工工艺及验收规范》第 5.3.3.5 条的相关规定。

> 变压器外观无损伤及变形。

2.4.4.2　油箱本体

（1）问题描述：变压器明显渗油，如图 2-178 所示。

（a）缺陷整体照片　　　　　　　　　　　（b）缺陷局部照片

图 2-178　变压器明显渗油

违反的标准（规范）条款：Q/GDW 745—2012《配电网设备缺陷分类标准》第4.9.4.1条中c）–1）的相关规定。

1）轻微渗油。

（2）问题描述：变压器严重渗油，如图2-179所示。

（a）缺陷整体照片　　　　　　　　　　（b）缺陷局部照片

图2-179　变压器严重渗油（严重）

违反的标准（规范）条款：Q/GDW 745—2012《配电网设备缺陷分类标准》第4.9.4.1条中b）–1）的相关规定。

1）严重渗油。

（3）问题描述：变压器滴油，如图2-180所示。

（a）缺陷整体照片　　　　　　　　　　（b）缺陷局部照片

图2-180　变压器滴油（危急）

违反的标准（规范）条款：Q/GDW 745—2012《配电网设备缺陷分类标准》第4.9.4.1

条中 a ）的相关规定。

> a ）危急缺陷：漏油（滴油）。

2.4.4.3　油位计

问题描述：变压器油位计变红，如图 2-181 所示。

（a）变压器油位计部分变红　　　　　　　　（b）变压器油位计全部变红（严重）

图 2-181　变压器油位计变红

违反的标准（规范）条款：国网北京市电力公司的《配电网运维规程》第 7.7.1 条中（7）的相关规定。

> （7）变压器油位是否正常。

2.4.5　变台接地

（1）问题描述：工作接地与保护接地未分开接地（变压器低压零线接地与变压器外壳接地均接入副杆），如图 2-182 所示。

违反的标准（规范）条款：国网北京市电力公司的《配电网施工工艺及验收规范》第6.2.9.1 条中（10）的相关规定。

> （10）对于 10kV 系统中性点不接地或经消弧线圈接地系统的紧凑型变台，0.4kV侧中性点与副杆中部接地螺母连接，变压器外壳接地、避雷器横担接地、肘型插头屏蔽接地线连在一起与主杆中部接地螺母连接，主副杆中部接地螺母之间使用绝缘引线连接。主副杆底部接地螺母分别与地线钎子连接。

（a）变压器外壳保护接地未接至主杆，主副杆接地线间
未采用绝缘导线连接，易造成肘型头故障（严重）

（b）变压器中性点接地与外壳接地均接入副杆，
未按要求分开接地

图 2-182　工作接地与保护接地未分开接地（变压器低压零线接地与变压器外壳接地均接入副杆）

（2）问题描述：变压器未安装外壳接地线、外壳接地线安装不规范、外壳接地线断线，如图 2-183 所示。

（a）变压器未安装外壳接地线（严重）　　（b）变压器外壳接地线压接在底座槽钢上，未规范安装

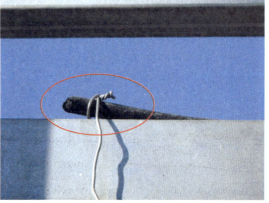

（c）变压器外壳接地线断线（整体照片）　　（d）变压器外壳接地线断线（局部照片）

图 2-183　变压器未安装外壳接地线、外壳接地线安装不规范、外壳接地线断线

违反的标准（规范）条款：国网北京市电力公司的《配电网施工工艺及验收规范》第 6.2.10.2 条中（1）–2）的相关规定。

> 2）变压器外壳必须有良好的接地。

（3）问题描述：支柱式避雷器接地线未直接与变压器外壳接地线连接，避雷器保护失效，如图 2–184 所示。

图 2–184　支柱式避雷器接地线未直接与变压器外壳接地线连接

违反的标准（规范）条款：Q/GDW 10813—2023《10kV 架空绝缘线路防雷技术规范》第 4.2.9 条的相关规定。

> 避雷器接地端应与变压器金属外壳相连并通过接地装置接地，避雷器高压端、接地端与变压器高压套管间的连接线应尽可能短。

（4）问题描述：变压器工作接地线绝缘老化，未更换为截面积 70mm² 的 0.4kV 铜芯交联聚乙烯绝缘线，如图 2–185 所示。

违反的标准（规范）条款：国网北京市电力公司的《配电网施工工艺及验收规范》第 6.2.9.1 条中（6）–6）的相关规定。

> 6）零线引出工作接地线一律使用截面积 70mm² 的 0.4kV 铜芯交联聚乙烯绝缘线。

（a）工作接地线截面积不足 70mm²

（b）工作接地线老化且工作接地线截面积不足 70mm²

图 2-185　变压器工作接地线绝缘老化，未更换为截面积 70mm² 的 0.4kV 铜芯交联
聚乙烯绝缘线（严重）

2.4.6　变台安装

（1）问题描述：变压器底座与背板固定所用穿钉螺杆偏细，与螺孔不匹配，变压器未能可靠固定，如图 2-186 所示。

（a）缺陷整体照片

（b）缺陷局部照片

图 2-186　变压器底座与背板固定所用穿钉螺杆偏细，与螺孔不匹配，变压器未能可靠固定

违反的标准（规范）条款：《国网北京市电力公司配电网工程典型设计　线路分册　2016 年版》中图 14-4 紧凑型柱上变压器安装图（Ⅱ型配电箱熔断器低位安装）（BT4-15-Ⅰ）。

（2）问题描述：变台槽钢歪斜，如图 2-187 所示。

违反的标准（规范）条款：国网北京市电力公司的《配电网运维规程》第 7.7.1 条中（10）的相关规定。

（10）变压器台架有无锈蚀、倾斜、下沉。

图 2-187　变压器底部支撑槽钢歪斜

（3）问题描述：变台槽钢对地高度小于 2.5m，如图 2-188 所示。

（a）变台槽钢对地高度小于 2.5m　　　　　　（b）变台槽钢对地高度小于 2.0m

图 2-188　变台槽钢对地高度小于 2.5m

违反的标准（规范）条款：国网北京市电力公司的《配电网施工工艺及验收规范》第 6.2.9.1 条中（3）的相关规定。

（3）紧凑型变台副杆埋深在设计未做规定时，一般土质地区为 2m；变台槽钢对地高度一般 3m，受条件限制时最低不应小于 2.5m，槽钢平面坡度不应大于根开的 1/100；变台封闭型熔断器支架一般对地距离为 5.5m，在变台槽钢高度降低时可适当降低，最低不低于 5m，对引线应进行固定。

（4）问题描述：变压器固定不牢固，未按要求采用背板穿钉进行固定，如图 2-189 所示。

图 2-189　变压器底座与背板间采用铁丝绑扎，未按要求采用穿钉进行可靠固定

违反的标准（规范）条款：《国网北京市电力公司配电网工程典型设计　线路分册　2016 年版》中图 14-4 紧凑型柱上变压器安装图（Ⅱ型配电箱熔断器低位安装）（BT4-15-Ⅰ）。

规范做法如图 2-190 所示。

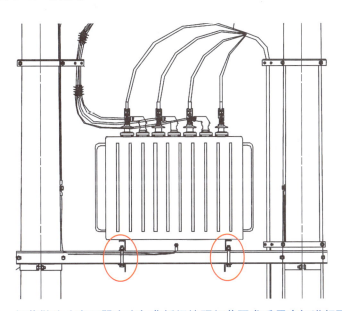

图 2-190　规范做法（变压器底座与背板间按照规范要求采用穿钉进行可靠固定）

（5）问题描述：变压器底座与固定背板螺孔错位，固定底座与背板槽钢的穿钉未垂直安装、正常受力，变压器安装不稳固，如图 2-191 所示。

109

图 2-191　变压器底座与固定背板螺孔错位，固定底座与背板槽钢的穿钉未垂直安装、正常受力，
变压器安装不稳固

违反的标准（规范）条款:《国网北京市电力公司配电网工程典型设计　线路分册　2016 年版》中图 14-4 紧凑型柱上变压器安装图（Ⅱ型配电箱熔断器低位安装）（BT4-15-Ⅰ）。

（6）问题描述：变压器未采用∠ $63 \times 63 \times 6$ 角钢与变压器本体槽钢螺栓夹固方式进行固定，仍采用变压器上部围栏方式固定，如图 2-192 所示。

图 2-192　变压器仍采用上部围栏方式进行固定，未按要求采用角钢与变压器底座槽钢螺栓夹固方
式进行固定

违反的标准（规范）条款:京电运检〔2015〕64 号《配电网建设改造相关技术标准》第二条的相关规定。

柱上配电变压器采用∠ $63 \times 63 \times 6$ 角钢与变压器本体槽钢螺栓夹固方式，固定于承重槽钢上，不再采用变压器上部围栏方式固定。

规范做法如图 2-193 所示。

图 2-193　规范做法（变压器按照规范要求采用∠ 63×63×6 角钢与变压器本体槽钢螺栓夹固方式进行固定）

（7）问题描述：变台支撑角铁安装位置与变压器底座固定位置冲突，导致固定背板未能正常安装，变压器固定不牢固，如图 2-194 所示。

图 2-194　变台支撑角铁安装位置与变压器底座固定位置冲突，导致固定背板未能正常安装，变压器固定不牢固

违反的标准（规范）条款：《国网北京市电力公司配电网工程典型设计　线路分册　2016 年版》中图 14-11 改造项目半母式柱上变压器安装图（Ⅰ型配电箱熔断器低位安装）。

规范做法如图 2-195 所示。

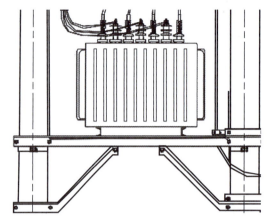

图 2-195　规范做法（变台支撑角铢与变压器底座应采取错位安装的做法，以确保变压器安装稳固）

（8）问题描述：变压器横担拖箍规格与电杆粗细不匹配且托箍螺栓未紧固定，如图 2-196 所示。

图 2-196　变压器横担拖箍规格与电杆粗细不匹配，拖箍与电杆间空隙采用螺母填塞

违反的标准（规范）条款：国网北京市电力公司的《配电网施工工艺及验收规范》第 6.2.9.1 条中（12）-3）的相关规定。

> 3）变台安装：接线正确，各部螺母紧固，安装牢固。

（9）问题描述：变台横担托箍使用不规范，采用电缆抱箍代替横担拖箍，如图 2-197 所示。

违反的标准（规范）条款：《国网北京市电力公司配电网工程典型设计　线路分册　2016 年版》中图 14-4 紧凑型柱上变压器安装图（Ⅱ型配电箱熔断器低位安装）（BT4-15-Ⅰ）。

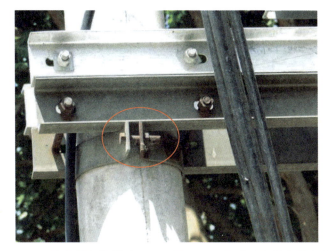

图 2-197　变台横担托箍使用不规范，采用电缆抱箍代替槽钢拖箍

规范做法如图 2-198 所示。

图 2-198　规范做法（使用横担拖箍对横担进行稳固支撑）

2.4.7　跌落式熔断器

（1）问题描述：跌落式熔断器上端未加护罩、护罩破损、护罩缺失，如图 2-199 所示。

违反的标准（规范）条款：国网北京市电力公司的《配电网运维规程》第 7.1.11.3 条中（8）的相关规定。

（8）跌落式熔断器护罩是否完好。

（a）跌落式熔断器上端未加护罩 　　　　　　（b）跌落式熔断器护罩缺失

（c）跌落式熔断器护罩破损

图2-199　跌落式熔断器上端未加护罩、护罩破损、护罩缺失

（2）问题描述：跌落式熔断器三相安装角度不一致或熔断器瓷件轴线与地面垂线之间的夹角不在15°～30°范围，如图2-200所示。

违反的标准（规范）条款：国网北京市电力公司的《配电网施工工艺及验收规范》第6.2.9.5条中（2）–2）的相关规定。

> 2）熔断器间距不应小于500mm，熔断器瓷件轴线与地面垂线之间的夹角为15°～30°。熔断器安装应牢固、高低一致，不应歪斜。

（a）跌落式熔断器三相安装角度不一致　　（b）熔断器瓷件轴线与地面垂线间夹角不在 15°～30° 范围

图 2-200　跌落式熔断器三相安装角度不一致或熔断器瓷件轴线与地面垂线之间的夹角不在 15°～30° 范围

（3）问题描述：跌落式熔断器安装间距不足 500mm，如图 2-201 所示。

图 2-201　跌落式熔断器安装间距不足 500mm

违反的标准（规范）条款：国网北京市电力公司的《配电网施工工艺及验收规范》第 6.2.9.5 条中（2）–2）的相关规定。

> 2）熔断器间距不应小于 500mm，熔断器瓷件轴线与地面垂线之间的夹角为 15°～30°。熔断器安装应牢固、高低一致，不应歪斜。

（4）问题描述：跌落式熔断器对地距离不足 5.5m，如图 2-202 所示。

图 2-202　跌落式熔断器对地距离不足 3m 且上端未加护罩

违反的标准（规范）条款：《国网北京市电力公司配电网工程典型设计　线路分册　2016 年版》第 14.4.1 条中（3）的相关规定。

> （3）柱上三相变压器 10kV 侧户外跌落式熔断器采用低位安装，距地 5.5m；高位安装，距地 11.5m。

（5）问题描述：跌落式熔断器存在放电烧蚀痕迹，如图 2-203 所示。

（a）缺陷整体照片

（b）缺陷局部照片

图 2-203　跌落式熔断器存在放电烧蚀痕迹（严重）

违反的标准（规范）条款：Q/GDW 745—2012《配电网设备缺陷分类标准》第 4.5 条中 b）-2）的相关规定。

> 2）有明显放电（痕迹）。

（6）问题描述：跌落式熔断器距离树枝近、跌落式熔断器护罩内存在鸟窝、跌落式熔断器搭挂异物，如图 2-204 所示。

（a）跌落式熔断器上端护罩内存在鸟窝（严重）

（b）跌落式熔断器距树近且未加护罩

（c）跌落式熔断器与树叶接触（树叶有烧蚀变黄迹象）

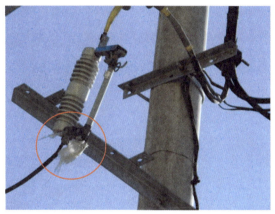
（d）跌落式熔断器下端搭挂异物

图 2-204　跌落式熔断器距树枝近、跌落式熔断器护罩内存在鸟窝、跌落式熔断器搭挂异物

违反的标准（规范）条款：国网北京市电力公司的《配电网运维规程》第 7.2.2 条中（7）的相关规定。

> （7）杆塔周围有无藤蔓类攀岩植物和其他附着物，有无危及安全的鸟窝、风筝及杂物。

（7）问题描述：跌落式熔断器瓷绝缘件破损，如图 2-205 所示。

违反的标准（规范）条款：国网北京市电力公司的《配电网运维规程》第 7.4.2 条中（1）的相关规定。

> （1）跌落式熔断器瓷绝缘件有无裂纹、闪络、破损及严重污秽。

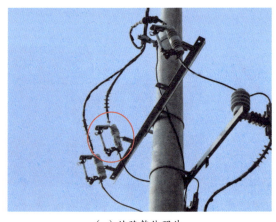

（a）缺陷整体照片

（b）缺陷局部照片

图 2-205　中相跌落式熔断器瓷绝缘件破损（严重）

（8）问题描述：跌落式熔断器熔丝管损坏，如图 2-206 所示。

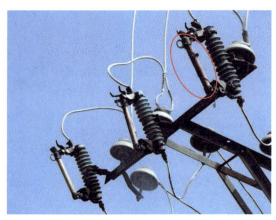

（a）缺陷整体照片

（b）缺陷局部照片

图 2-206　边相跌落式熔断器熔丝管损坏（严重）

违反的标准（规范）条款：国网北京市电力公司的《配电网施工工艺及验收规范》第 6.2.9.5 条中（2）–4）的相关规定。

> 4）熔丝规格正确，熔丝两端压紧、弹力适中，不应有拧伤、克断现象。

（9）问题描述：超声波及声学成像仪检测跌落式熔断器有异常声音，如图 2-207 所示。

（a）有异常声音的跌落式熔断器照片

（b）声学成像仪检测照片

图 2-207　超声波及声学成像仪检测两相跌落式熔断器下端口处存在异常声音，最大数值为
18.67dB（严重）

违反的标准（规范）条款：国网北京市电力公司的《配电网运维规程》第 D.4.2.3 条中
（1）～（3）的相关规定。

> （1）劣化程度在 0dB～10dB 间为"一般缺陷"；
> （2）劣化程度在 11dB～30dB 间为"严重缺陷"；
> （3）劣化程度在 31dB 以上为"危急缺陷"。

（10）问题描述：跌落式熔断器电气连接处温度异常，如图 2-208 所示。

（a）温度异常的跌落式熔断器照片

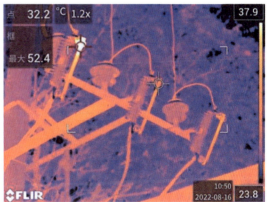

（b）红外热成像仪检测照片

图 2-208　红外热成像仪检测边相跌落式熔断器上端口处温度异常，最高点温度为 52.4℃，正常点
温度为 32.2℃，相间温差 =20.2℃

违反的标准（规范）条款：Q/GDW 745—2012《配电网设备缺陷分类标准》中表 B.5
跌落式熔断器设备缺陷库"一般缺陷：轻度温度异常，电气连接处 75℃＜实测温度≤80℃
或 10K＜相间温差≤30K；严重缺陷：中度温度异常，电气连接处 80℃＜实测温度≤90℃
或 30K＜相间温差≤40K；危急缺陷：重度温度异常，电气连接处实测温度＞90℃或相间
温差＞40K"。

2.4.8 支柱式避雷器

（1）问题描述：支柱式避雷器未有效保护变压器本体（避雷器接地端与变压器外壳间未通过 35mm² 绝缘铜线直接连接），如图 2-209 所示。

（a）缺陷整体照片　　　　　　　　　　　（b）缺陷局部照片

图 2-209　支柱式避雷器未有效保护变压器本体

违反的标准（规范）条款：《国网北京市电力公司配电网工程典型设计　线路分册　2016 年版》中图 14-4 紧凑型柱上变压器安装图（Ⅱ型配电箱熔断器低位安装）（BT4-15-Ⅰ）。

（2）问题描述：支柱式避雷器绝缘防护失效，如图 2-210 所示。

违反的标准（规范）条款：国网北京市电力公司的《配电网施工工艺及验收规范》中表 C.9 紧凑型变压器台安装分项工程质量检验评定表"避雷器接地梗绝缘罩安装完成绝缘封闭。"

（a）支柱式避雷器导电连板护罩未扣紧　　　（b）支柱式避雷器接地梗护罩缺失

图 2-210　支柱式避雷器绝缘防护失效（一）

（c）支柱式避雷器接地梗护罩未复位　　　（d）支柱式避雷器接地梗护罩未复位且有烧蚀痕迹（严重）

图 2-210　支柱式避雷器绝缘防护失效（二）

（3）问题描述：支柱式避雷器接地端螺母未按规范要求露出至少两个螺距，如图 2-211 所示。

图 2-211　支柱式避雷器接地端螺母未按规范要求露出至少两个螺距

违反的标准（规范）条款：国网北京市电力公司的《配电网施工工艺及验收规范》第 6.2.4.12 条中（1）的相关规定。

（1）螺杆丝扣露出长度，单螺母不应少于两个螺距，双螺母至少露出一个螺距。

（4）问题描述：一相支柱式避雷器缺失，采用柱式绝缘子替代，如图 2-212 所示。

（a）缺陷整体照片　　　　　　　　　　　　（b）缺陷局部照片

图 2-212　台区中相支柱式避雷器缺失，采用柱式绝缘子替代

违反的标准（规范）条款：《国网北京市电力公司配电网工程典型设计　线路分册　2016 年版》中图 14-2 紧凑型柱上变压器安装图（Ⅰ型配电箱熔断器低位安装）（BT2-15-Ⅰ）。

（5）问题描述：支柱式避雷器导电连板温度异常，如图 2-213 所示。

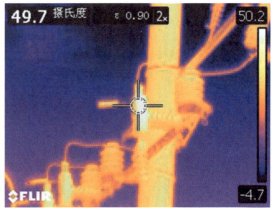

（a）温度异常的避雷器导电连板照片　　　　　（b）红外热成像仪检测照片

图 2-213　边相支柱式避雷器导电连板温度较高为 49.7℃（其他两相为 24.9℃）（严重）

违反的标准（规范）条款：Q/GDW 745—2012《配电网设备缺陷分类标准》中表 B.6 金属氧化物避雷器设备缺陷库"避雷器温度异常，电气连接处相间温差异常。"

2.4.9　低压配电箱（JP 柜）

（1）问题描述：变压器低压配电箱（JP 柜）距离地面不足 1.2m，如图 2-214 所示。

违反的标准（规范）条款：《国网北京市电力公司配电网工程典型设计　线路分册　2016 年版》第 14.4.1 条中（2）的相关规定。

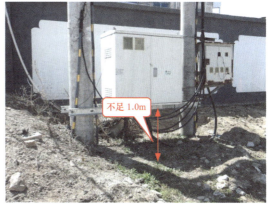

（a）低压配电箱（JP 柜）对地距离不足 1.2m 　　　　（b）低压配电箱（JP 柜）对地距离不足 1.0m

图 2-214　低压配电箱（JP 柜）对地距离不足 1.2m

（2）柱上三相变压器低压配电箱分为Ⅰ型和Ⅱ型两种。Ⅰ型装于变压器副杆侧面，其下端距地面 3m；Ⅱ型装于变压器下侧，其下端距地面 1.2m。

（2）问题描述：变压器低压配电箱（JP 柜）进出线孔洞未采用防火封堵材料进行封堵，如图 2-215 所示。

图 2-215　JP 柜进出线孔洞未采用防火封堵材料进行封堵

违反的标准（规范）条款：国网北京市电力公司的《配电网施工工艺及验收规范》第 6.3.6.1 条中（1）的相关规定。

（1）在电缆穿过竖井、墙壁、楼板或进入电气盘、柜的孔洞处，用防火堵料密实封堵。

规范做法如图 2-216 所示。

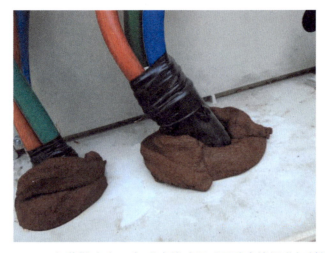

图 2-216　规范做法（JP 柜进出线孔洞采用防火堵泥进行封堵）

（3）问题描述：变压器低压配电箱（JP 柜）未设有防止触电的警告标识，如图 2-217 所示。

（a）缺陷整体照片　　　　　　　　　　　　（b）缺陷局部照片

图 2-217　变压器低压配电箱（JP 柜）未设有防止触电的警告标识

违反的标准（规范）条款：《国网北京市电力公司配电网工程典型设计　线路分册 2016 年版》第 14.4.1 条中（2）的相关规定。

> （2）低压配电箱应加锁，有防止触电的警告并采取可靠的接地。

（4）问题描述：变压器低压配电箱（JP 柜）内开关相邻两相接线端子间未加装绝缘板等防护措施，如图 2-218 所示。

图 2-218　JP 柜内开关相邻接线端子间未加装绝缘隔板

违反的标准（规范）条款：国网北京市电力公司的《配电网施工工艺及验收规范》第 6.1.10.3 条中（3）的相关规定。

（3）各相终端固定处应加装符合规范要求的衬垫。

规范做法如图 2-219 所示。

图 2-219　规范做法（开关相邻接线端子间加装有绝缘隔板）

（5）问题描述：变压器低压配电箱（JP 柜）内出线电缆未采用单孔端子与开关接线铜排进行连接，如图 2-220 所示。

图 2-220　JP 柜内低压出线电缆未采用单孔端子与开关接线铜排进行连接

违反的标准（规范）条款：国网北京市电力公司的《配电网施工工艺及验收规范》第 6.2.9.1 条中（6）-3）的相关规定。

> 3）变台二次引线由综控箱至架空线路，一侧采用单孔压接端子与综控箱母线连接，从箱体上方馈出；另一侧引上后将电缆引线劈叉，加装电缆终端分支手套，与架空线路导线采用 H 形线夹压接，并进行绝缘包封。

规范做法如图 2-221 所示。

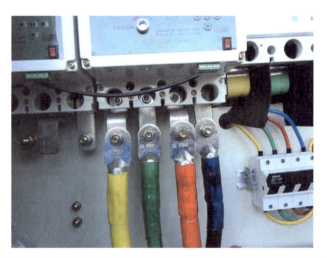

图 2-221　规范做法（JP 柜内低压出线电缆采用单孔端子与开关接线铜排进行连接）

（6）问题描述：电缆接线端子与开关接线铜排规格不匹配，端子孔与连接螺栓及垫片间存在较大间隙，接触面积不足且压接不实，如图 2-222 所示。

图 2-222　电缆接线端子与开关接线铜排规格不匹配，端子孔与连接螺栓及垫片间存在较大间隙，
接触面积不足且压接不实

违反的标准（规范）条款：国网北京市电力公司的《配电网施工工艺及验收规范》第
7.3.2.1 条中（3）的相关规定。

（3）电缆接线端子与所接设备端子应接触良好。

规范做法如图 2-223 所示。

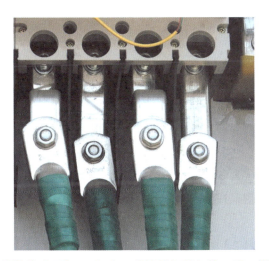

图 2-223　规范做法（电缆接线端子与 JP 柜内开关接线铜排规格匹配，螺栓及垫片与接线端子接触
充分，压接牢固）

（7）问题描述：变压器低压配电箱（JP 柜）安装不稳固，如图 2-224 所示。

（a）低压配电箱（JP柜）固定角钢的螺栓未垂直安装、　（b）变压器（JP）柜底座一侧采用背板固定，另一侧
　　　　正常受力，安装不稳固　　　　　　　　　　　　　　　未固定，固定不稳固

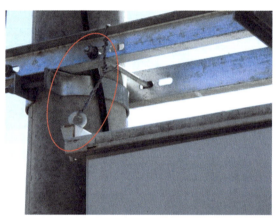

（c）低压配电箱（JP柜）仅用铁丝固定一角，　　　　（d）低压配电箱（JP柜）仅用铁丝固定一角，
　　　　固定不牢固（整体照片）　　　　　　　　　　　　　固定不牢固（局部照片）

图 2-224　变压器低压配电箱（JP柜）安装不稳固

违反的标准（规范）条款：《国网北京市电力公司配电网工程典型设计　线路分册　2016年版》中图14-4紧凑型柱上变压器安装图（Ⅱ型配电箱熔断器低位安装）（BT4-15-Ⅰ）。

（8）问题描述：变压器低压配电箱（JP柜）未按要求关闭并上锁，如图2-225所示。

违反的标准（规范）条款：《国网北京市电力公司配电网工程典型设计　线路分册　2016年版》第14.4.1条中（2）的相关规定。

> （2）柱上三相变压器低压配电箱（兼有智能表计、出线、补偿、采集）分为Ⅰ型和Ⅱ型两种。Ⅰ型装于变压器副杆侧面，其下端距地面3m；Ⅱ型装于变压器下侧，其下端距地面1.2m。低压配电箱应加锁，有防止触电的警告并采取可靠的接地。

（a）缺陷整体照片

（b）缺陷局部照片

图2-225 低压配电箱（JP柜）柜门未按要求关闭并上锁

（9）问题描述：变压器低压配电箱（JP柜）内电流互感器安装不牢固，如图2-226所示。

图2-226 JP柜内电流互感器未牢固安装

违反的标准（规范）条款：国网北京市电力公司的《配电网施工工艺及验收规范》第6.1.12.2条的相关规定。

电流互感器应安装牢固、接线紧固。

规范做法如图2-227所示。

图 2-227　规范做法（电流互感器安装牢固且整齐）

（10）问题描述：变压器低压配电箱（JP 柜）开关出线电缆终端未安装分支手套或未延长冷缩（或热缩）保护管，如图 2-228 所示。

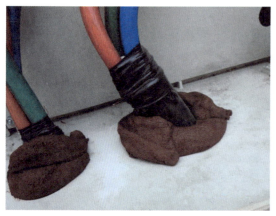 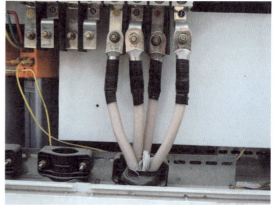

（a）JP 柜开关出线电缆终端未安装冷缩分支手套进行防潮绝缘保护

（b）JP 柜内开关出线电缆终端头分支手套处未延长或加装保护管，线芯绝缘外露易受潮老化

图 2-228　变压器低压配电箱（JP 柜）开关出线电缆终端未安装分支手套或未延长冷缩（或热缩）保护管

违反的标准（规范）条款：国网北京市电力公司的《配电网施工工艺及验收规范》第 6.3.5.2 条中（3）的相关规定。

（3）电缆终端采用分支手套，分支手套应尽可能向电缆头根部拉近，过渡应自然、弧度一致，分支手套、延长护管及电缆终端等应与电缆接触紧密。

规范做法如图 2-229 和图 2-230 所示。

图 2-229　规范做法（JP 柜开关出线电缆终端安装有冷缩分支手套进行防潮绝缘保护）

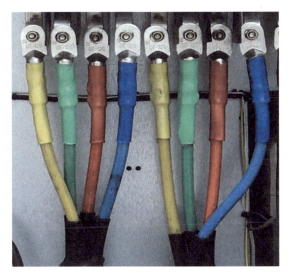

图 2-230　规范做法（JP 柜内开关出线电缆终端头分支手套处加装有热缩保护管，有效防止线芯绝缘受潮老化）

（11）问题描述：变压器低压配电箱（JP 柜）外壳锈蚀或柜门缺失，如图 2-231 所示。

违反的标准（规范）条款：国网北京市电力公司的《配电网运维规程》第 7.8 条中（3）的相关规定。

> （3）低压配电箱外壳有无锈蚀、损坏。

（12）问题描述：变压器低压配电箱（JP 柜）内存在异物，如图 2-232 所示。

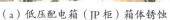

（a）低压配电箱（JP柜）箱体锈蚀　　　　　　　（b）低压配电箱（JP柜）柜门缺失

图 2-231　变压器低压配电箱（JP 柜）外壳锈蚀或柜门缺失

图 2-232　低压配电箱（JP 柜）柜内有杂草

违反的标准（规范）条款：国网北京市电力公司的《配电网运维规程》第 7.9 条中（2）的相关规定。

（2）低压配电箱内是否清洁。

2.4.10　通道

（1）问题描述：变压器周围有藤蔓类植物附生，如图 2-233 所示。

（a）变压器周围有藤蔓类植物附生

（b）变压器周围有藤蔓类植物附生（严重）

图 2-233　变压器周围有藤蔓类植物附生

违反的标准（规范）条款：国网北京市电力公司的《配电网运维规程》第7.7.1条中（13）的相关规定。

（13）变压器上有无搭落金属丝、树枝等，有无藤蔓类植物附生。

（2）问题描述：变压器周围存在违章建筑、堆积物，如图 2-234 所示。

（a）变台周围存在违章建筑

（b）变台下方堆放杂物

图 2-234　变压器周围存在违章建筑、堆积物

违反的标准（规范）条款：Q/GDW 745—2012《配电网设备缺陷分类标准》第4.1.6条中 c）-2）的相关规定。

2）通道内有无违章建筑、堆积物。

（3）问题描述：变压器周围存在施工作业，如图 2-235 所示。

图 2-235　变压器周围有施工作业

违反的标准（规范）条款：国网北京市电力公司的《配电网运维规程》第 7.2.1 条中（7）的相关规定。

（7）是否存在对线路安全构成威胁的工程设施。

2.4.11　变压器围栏

问题描述：变压器围栏破损或围栏门缺失，如图 2-236 所示。

（a）变压器围栏破损

（b）变压器围栏门缺失

图 2-236　变压器围栏破损或围栏门缺失

违反的标准（规范）条款：国网北京市电力公司的《配电网运维规程》第 7.7.1 条中（11）的相关规定。

（11）变压器的围栏是否完好。

2.4.12 标识

问题描述：变压器未悬挂或喷涂有"高压危险、禁止攀登"警告标志、未悬挂位号牌，如图 2-237 所示。

（a）变压器未悬挂有"高压危险、禁止攀登"的警告标志　　　　（b）变压器未安装位号牌

图 2-237　变压器未悬挂或喷涂有"高压危险、禁止攀登"警告标志、未悬挂位号牌

违反的标准（规范）条款：国网北京市电力公司的《配电网施工工艺及验收规范》第 6.5.2.3 条的相关规定。

> 柱上变压器需安装变压器位号牌，并安装安全警示标识；位号牌安装位置为距线路最近的变压器副杆上变压器围栏下方，单杆背变压器位号牌安装在变压器下方，位号牌的字迹应清晰不易脱落，应能防腐，挂装应牢固。

规范做法如图 2-238 和图 2-239 所示。

图 2-238　规范做法（悬挂有"高压危险、禁止攀登"的警告标志）

图 2-239　规范做法（变压器安装有位号牌）

2.5　柱上变台（传统型变台）

本节内容重点从高、低压瓷头，立瓶线，高、低压母线，低压隔离开关，支撑绝缘子，避雷器等部分介绍柱上变台（传统型变台）的典型缺陷，针对传统型变台与紧凑型变台存在的类似缺陷，本章将不再赘述。

按照《国网北京市电力公司配电网工程典型设计　线路分册　2016 年版》对于新建项目，柱上变压器台区应采用紧凑式布置，跌落式熔断器采用高位或低位安装。改建项目除利用现状柱上变压器外，其他设备均采用紧凑式布置型式，变压器高压磁头引线连接采用铜端子压接，并加装绝缘护罩。

2.5.1　高、低压瓷头

问题描述：超声波及声学成像仪检测变压器高压瓷套管处有异常声音，如图 2-240 所示。

违反的标准（规范）条款：国网北京市电力公司的《配电网运维规程》第 D.4.2.3 条中（1）～（3）的相关规定。

（1）劣化程度在 0dB～10dB 间为"一般缺陷"；
（2）劣化程度在 11dB～30dB 间为"严重缺陷"；
（3）劣化程度在 31dB 以上为"危急缺陷"。

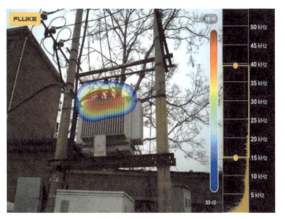
（a）声学成像仪检测照片

（b）超声波仪器检测照片

图 2-240　超声波及声学成像仪检测变压器高压瓷套管处有异常声音，最大数值为 21.89dB（严重）

2.5.2　立瓶线

（1）问题描述：变台立瓶线松弛，如图 2-241 所示。

图 2-241　变台立瓶线松弛

违反的标准（规范）条款：国网北京市电力公司的《配电网运维规程》第 7.7.1 条中（12）的相关规定。

（12）引线是否松弛，绝缘层是否良好，相间或对构件的距离是否符合规定，对工作人员有无触电危险。

（2）问题描述：变台立瓶线老化，如图 2-242 所示。

图 2-242　变台立瓶线老化

违反的标准（规范）条款：京电运检〔2016〕68 号《国网北京市电力公司智能配电网建设改造技术细则》第 7.2.1.2 条的相关规定。

> 架空线路全绝缘化改造内容应包括：绝缘导线更换、紧凑型变台改造、变台连接端子加装绝缘罩、电缆引线端子加装绝缘罩、导线连接线夹加装绝缘卷材（绝缘罩）、避雷器上引线端子加装绝缘卷材、刀闸加装绝缘护罩、绝缘导线局部破损修复、导线加装绝缘护管等。

2.5.3　高、低压母线

（1）问题描述：低压母线有烧蚀痕迹且变压器外壳有熏黑痕迹，如图 2-243 所示。

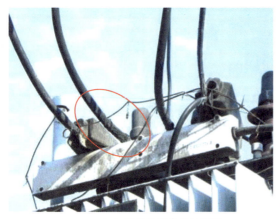

（a）低压母线有烧蚀痕迹　　　　　　　（b）变压器外壳有熏黑痕迹

图 2-243　低压母线有烧蚀痕迹且变压器外壳有熏黑痕迹（严重）

违反的标准（规范）条款：国网北京市电力公司的《配电网运维规程》第 7.2.4 条中

（1）的相关规定。

（1）导线有无断股、损伤、烧伤、腐蚀的痕迹，绑扎线有无脱落、开裂，连接线夹螺栓应紧固、无跑线现象，7股导线中任一股损伤深度不得超过该股导线直径的1/2，19股及以上导线任一处的损伤不得超过3股。

（2）问题描述：低压母线绝缘老化，如图2-244所示。

图 2-244　低压线路绝缘老化

违反的标准（规范）条款：京电运检〔2016〕68号《国网北京市电力公司智能配电网建设改造技术细则》第7.2.1.2条的相关规定。

架空线路全绝缘化改造内容应包括：绝缘导线更换、紧凑型变台改造、变台连接端子加装绝缘罩、电缆引线端子加装绝缘罩、导线连接线夹加装绝缘卷材（绝缘罩）、避雷器上引线端子加装绝缘卷材、刀闸加装绝缘护罩、绝缘导线局部破损修复、导线加装绝缘护管等。

2.5.4　低压隔离开关

（1）问题描述：低压隔离开关温度异常，如图2-245所示。

违反的标准（规范）条款：DL/T 664—2016《带电设备红外诊断应用规范》附录H中表H.1电流致热型设备缺陷诊断判据："一般缺陷：隔离开关处 δ（相对温差）$\geq$ 35%但热点温度未达到严重缺陷温度值；严重缺陷：90℃ $\leq$ 隔离开关处热点温度 $\leq$ 130℃，或 δ（相对温差）$\geq$ 80%但热点温度未达紧急缺陷温度值；危急缺陷：隔离开关处热点温度 > 130℃，或 δ（相对温差）$\geq$ 95%且热点温度 > 90℃"。

（a）温度异常的低压隔离开关照片

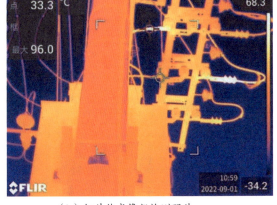

（b）红外热成像仪检测照片

**图 2-245　红外热成像仪检测中相及边相低压隔离开关均存在温度异常情况，热点温度分别为
93.2℃、96.0℃（严重）**

（2）问题描述：变压器低压隔离开关处搭挂异物，如图 2-246 所示。

图 2-246　低压隔离开关处搭挂异物（严重）

违反的标准（规范）条款：国网北京市电力公司的《配电网运维规程》第 7.7.1 条中
（13）的相关规定。

> （13）变压器上有无搭落金属丝、树枝等，有无藤蔓类植物附生。

2.5.5　支撑绝缘子

问题描述：超声波及声学成像仪检测台区边相针式绝缘子处有异常声音，如图 2-247
所示。

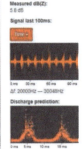

（a）有异常声音的针式绝缘子照片　　　　（b）声学成像仪检测照片

图 2-247　超声波及声学成像仪检测台区边相针式绝缘子存在异常声音，最大数值为 12.33dB（严重）

违反的标准（规范）条款：国网北京市电力公司的《配电网运维规程》第 D.4.2.3 条中（1）～（3）的相关规定。

（1）劣化程度在 0dB～10dB 间为"一般缺陷"；

（2）劣化程度在 11dB～30dB 间为"严重缺陷"；

（3）劣化程度在 31dB 以上为"危急缺陷"。

2.5.6　避雷器

问题描述：变台避雷器未按规范要求选装无间隙避雷器，如图 2-248 所示。

（a）缺陷整体照片　　　　（b）缺陷局部照片

图 2-248　避雷器选型错误（变台避雷器未按规范要求选装无间隙避雷器）

违反的标准（规范）条款：国网北京市电力公司的《配电网施工工艺及验收规范》第 6.2.10.1 条中（1）-1）的相关规定。

1）配电变压器（紧凑型和传统变台装在熔断器的负荷侧）必须装设无间隙避雷器。

附录 A　配电架空线路运维巡视工作记录表

配电架空线路运维巡视工作记录表见表 A–1。

表 A–1　　　　　　　　　　配电架空线路运维巡视工作记录表

巡视项目		被查单位	
巡视日期		天气状况	
巡视范围			
巡视情况				
序号	缺陷位置	缺陷描述	缺陷分类	处理意见
1	31/1–31/2 号杆	树线矛盾，存在放电，音量为 15dB	一般	开展去树
沿线是否存在危及线路设备安全的树木、建（构）筑物和施工情况；沿线是否存在外力破坏可能的情况、交叉跨越的变动情况：				
巡视人员（签字）				

附录 B　10kV ××路运维巡视报告（模板）

××供电公司 10kV ××路
巡视检查报告

国网 ×××供电公司

××××年××月××日

目　录

一、概述

1. 线路故障情况

2022 年 6 月以来 ×× 供电公司 10kV ×× 路共发生 3 次故障，其中 2 次接地故障，1 次整线故障。线路故障情况见表 1。10kV ×× 路电源图如图 1 所示。

表 1　　　　　　　　　　　10kV ×× 路故障情况

序号	单位名称	故障名称	线路名称	分类	故障时间	跳闸开关	原因大类	原因小类	故障原因详情
1	××	×× 站 10kV ×× 路接地	×× 路	接地	2022-06-25 12：26：00	223	自然	大风	16-17 号杆光铝线与通信光纤搭挂
2	××	×× 站 10kV ×× 路接地	×× 路	接地	2022-06-24 16：54：00	223	用户影响	其他	用户内部故障
3	××	×× 站 10kV ×× 路跳闸	×× 路	整线	2022-06-20 06：27：00	223	外力	树线	去树树倒碰线

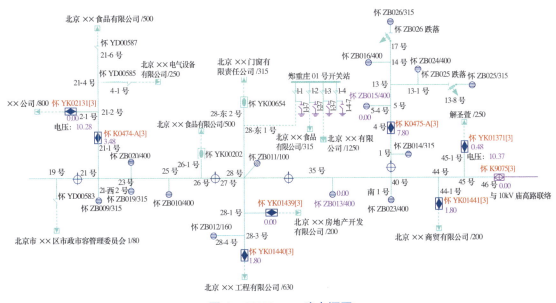

图 1　10kV ×× 路电源图

配电网架空线路运维巡视典型缺陷

2. 线路基本情况

××供电公司 10kV ××路 2017 年 9 月投运,线路全长 8.9325km,其中架空线路长度为 5.9405km,电缆线路长度为 2.9920km,线路共计电杆 173 基,柱上变压器 31 台,柱上断路器 9 台,柱上分界负荷开关 11 台,见表 2。

表 2   10kV ××路基本情况

线路长度(km)	8.9325	电缆线路长度(km)	2.9920	架空线路长度(km)	5.9405
架空绝缘化率(%)	100%	最近改造时间	—	电杆(基)	173
柱上变压器(台)	31	柱上断路器(台)	9	柱上负荷开关(台)	0
分界开关(台)	11	环网柜(座)	1	分支箱(座)	0
配电室	0	箱式变电站(座)	0	高压用户(户)	11

二、线路巡视情况

××××年××月××日,运维巡视组对 10kV ××路开展故障高发线路专项巡视工作,现场利用红外热成像、声学成像及超声波状态检测技术,发现缺陷如下:

1. 缺陷统计分析

共计发现缺陷 6 处,按缺陷类别分,施工质量 3 处,运维责任 1 处,设备本体 2 处;按缺陷等级分,严重缺陷 1 处,一般缺陷 5 处。缺陷分类和统计见表 3,缺陷明细见附件。

表 3   缺陷分类和统计

序号	缺陷类别	缺陷位置	缺陷描述	不满足规范	缺陷数量	缺陷等级
1	施工质量	变压器	工作接地与保护接地未分开接地(变压器低压零线接地与变压器外壳接地均接入副杆),易造成肘型头故障	国网北京市电力公司的《配电网施工工艺及验收规范》第 6.2.9.1 条中(10)对于 10kV 系统中性点不接地或经消弧线圈接地系统的紧凑型变台,0.4kV 侧中性点与副杆中部接地螺母连接,变压器外壳接地、避雷器横担接地、肘型插头屏蔽接地线连在一起与主杆中部接地螺母连接,主副杆中部接地螺母之间使用绝缘引线连接。主副杆底部接地螺母分别与地线钎子连接	1	严重

146

序号	缺陷类别	缺陷位置	缺陷描述	不满足规范	缺陷数量	缺陷等级
1	施工质量	变压器	变压器高、低压瓷头未加护罩	国网北京市电力公司的《配电网施工工艺及验收规范》第6.2.9.1条中（9）变压器高、低压接线端子应配置有绝缘护罩，安装完好	1	一般
		电压互感器（TV）	联络开关未在两侧安装电压互感器（TV）	京电运检〔2016〕67号《10千伏架空线路柱上断路器建设运维相关补充条款说明》第4.2.3条中（1）柱上断路器作联络使用时在两侧安装电压互感器，作分段、分支使用时在电源侧安装电压互感器	1	一般
2	运维责任	变压器	变压器周围有藤蔓类植物附生	国网北京市电力公司《配电网运维规程》第7.7.1条中（13）变压器上有无搭落金属丝、树枝等，有无藤蔓类植物附生	1	一般
3	设备本体	变压器	变压器油位计部分变红	国网北京市电力公司《配电网运维规程》第7.7.1条中（7）变压器油位是否正常	1	一般
		杆塔	杆塔存在纵向裂纹	国网北京市电力公司《配电网运维规程》第7.2.2条中（2）钢筋混凝土电杆有无裂缝、酥松、露筋、冻鼓	1	一般

2. 现场巡视具体情况

现场检查问题及典型照片如下：

（1）施工质量。现场检查中，发现施工质量问题3处，其中严重缺陷1处：023号变台（肘型头）外壳保护接地未接至主杆，主副杆接线间未采用绝缘导线连接，易造成肘型头故障。一般缺陷2处。

1）变压器：工作接地与保护接地未分开接地（变压器低压零线接地与变压器外壳接地均接入副杆），易造成肘型头故障1处；变压器高、低压瓷头未加护罩1处，如图2和图3所示。

图2　××公司，××路023号变台（肘型头），变压器外壳保护接地未接至主杆，主副杆接地线间未采用绝缘导线连接，易造成肘型头故障（严重）

图3　××公司，××路005号变台，变压器高、低压瓷头未加护罩

2）电压互感器（TV）：联络开关未在两侧安装电压互感器1处，如图4所示。

图4　××公司，××路46号杆，联络开关未在两侧安装电压互感器

（2）运维责任。现场检查中，发现运维责任问题 1 处，为一般缺陷。

变压器：变压器周围有藤蔓类植物附生 1 处，如图 5 所示。

图 5　××公司，××路 013 号变台，变压器周围有藤蔓类植物附生

（3）设备本体。现场检查中，发现设备本体问题 2 处，均为一般缺陷。

1）变压器：变压器油位计部分变红 1 处，如图 6 所示。

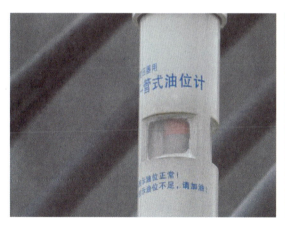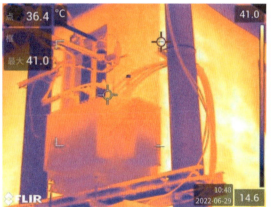

图 6　××公司，××路 023 号变台，变压器油位计部分变红

2）杆塔：杆塔存在纵向裂纹 1 处，如图 7 所示。

图 7　××路 21/6 号杆，杆塔存在纵向裂纹

三、总结

（1）现场巡视发现严重缺陷 1 处：023 号变台（肘型头）外壳保护接地未接至主杆，主副杆接地线间未采用绝缘导线连接，易造成肘型头故障。建议 ×× 公司及时处缺。

（2）现场巡视发现一般缺陷 5 处，针对变压器周围有藤蔓类植物附生的缺陷，建议 ×× 公司及时处缺。

其余一般缺陷建议 ×× 公司结合年、季检修计划或日常维护工作进行处缺。

附件：运维巡视组线路巡视缺陷明细表

序号	单位	线路名称	缺陷杆号	缺陷类别	缺陷位置	缺陷描述	不满足规范	巡视日期	缺陷等级
1	××	××路	023 号变台（肘型头）	施工质量	变压器	变压器外壳保护接地未接至主杆，主副杆接地线间未采用绝缘导线连接，易造成肘型头故障	国网北京市电力公司《配电网施工工艺及验收规范》第 6.2.9.1 条中（10）对于 10kV 系统中性点不接地或经消弧线圈接地系统的紧凑型变台，0.4kV 侧中性点与副杆中部接地螺母连接，变压器外壳接地、避雷器横担接地、肘型插头屏蔽接地线连在一起与主杆中部接地螺母连接，主副杆中部接地螺母之间使用绝缘引线连接。主副杆底部接地螺母分别与地线钎子连接	2022.06.29	严重

附录 C　配电网架空线路设备缺陷分类标准

配电网架空线路设备缺陷分类标准见表 C-1。

表 C-1　　　　　　　　　　配电网架空线路设备缺陷分类标准

设备类别	设备部件	缺陷部位	缺陷内容	参考依据／标准	缺陷类别	缺陷等级	检修策略
架空线路	杆塔	杆塔本体	杆塔歪斜	国网北京市电力公司《配电网运维规程》第 7.2.2 条中（1）电杆是否倾斜、下沉、上拔，杆基有无损坏，周围土壤有无挖掘、冲刷或沉陷	施工质量	一般缺陷	建议正杆，加装拉线
			戗杆安装缺少戗箍一副，安装不规范	国网北京市电力公司《配电网施工工艺及验收规范》第 6.2.7.1 条：戗杆（顶杆）的埋深不应小于 0.5m，遇有土质松软或受力较大时，应采取防沉补强措施，如图 10 所示	施工质量	一般缺陷	建议加装戗箍一副
			对交通繁忙路口有可能被车撞、山坡或河边有可能被冲刷的电杆，未加装防护标志、护桩或护台	国网北京市电力公司《配电网施工工艺及验收规范》第 6.2.3.3 条：对交通繁忙路口有可能被车撞、山坡或河边有可能被冲刷的电杆，根据现场情况采取加装防护标志、护枰或护台	施工质量	一般缺陷	建议及时对杆塔加装防护设施
			杆塔存在异物：鸟窝、藤蔓、风筝等	国网北京市电力公司《配电网运维规程》第 7.2.2 条中（7）杆塔周围有无藤蔓类攀岩植物和其他附着物，有无危及安全的鸟窝、风筝及杂物	运维责任	一般缺陷	建议及时清理杆塔本体异物
			杆塔存在三线搭挂	国网北京市电力公司《配电网运维规程》第 7.2.2 条中（8）杆塔上有无未经批准搭挂设施或非同一电源的低压配电线路	运维责任	一般缺陷	建议与线路所属单位沟通移除搭挂线路

设备类别	设备部件	缺陷部位	缺陷内容	参考依据/标准	缺陷类别	缺陷等级	检修策略
架空线路	杆塔	杆塔本体	杆塔存在纵向、横向裂纹	国网北京市电力公司《配电网运维规程》第7.2.2条中（2）钢筋混凝土电杆有无裂缝、酥松、露筋、冻鼓	设备本体	一般缺陷	建议结合年、季检修计划或日常维护工作进行更换杆塔
			杆塔表面风化、露筋	Q/GDW 745—2012《配电网设备缺陷分类标准》第4.1.1.1条中a）-3）混凝土杆表面风化、露筋，角钢塔主材缺失，随时可能发生倒杆塔危险	设备本体	危急缺陷	建议结合年、季检修计划或日常维护工作进行更换杆塔
		杆塔基础	15m电杆埋深不足2.3m	《国网北京市电力公司配电网工程典型设计 线路分册 2016年版》中表7-1混凝土电杆埋设深度及根部弯矩计算点距离中规定15m杆埋深应为2.3m	施工质量	一般缺陷	建议加强验收质量，结合年、季检修计划或日常维护工作进行处缺
			杆塔基础未回填夯实	国网北京市电力公司《配电网施工工艺及验收规范》第7.2.2.1条：电杆的规格符合设计要求，施工安装质量符合规定，基础应夯实	施工质量	一般缺陷	建议及时对杆塔基础进行回填夯实
			杆基周围土壤存在挖掘、冲刷或沉陷	国网北京市电力公司《配电网运维规程》第7.2.2条中（1）电杆是否倾斜、下沉、上拔，杆基有无损坏，周围土壤有无挖掘、冲刷或沉陷	施工质量	一般缺陷	建议及时对杆塔基础进行回填夯实
			钢管杆地脚螺栓未做基础保护帽	《国网北京市电力公司配电网工程典型设计 线路分册 2016年版》中图11-5钢管杆基础型式示意图	施工质量	一般缺陷	建议对地脚螺栓加装基础保护帽
			钢管杆地脚螺栓生锈	国网北京市电力公司《配电网施工工艺及验收规范》第5.3.12.2条中（2）钢杆及附件均热镀锌，锌层应均匀，无漏镀、锌渣锌刺	施工质量	一般缺陷	建议对地脚螺栓进行除锈、刷防锈漆等措施

设备类别	设备部件	缺陷部位	缺陷内容	参考依据/标准	缺陷类别	缺陷等级	检修策略
架空线路	杆塔	杆塔基础	钢杆无接地引下线	国网北京市电力公司《配电网施工工艺及验收规范》第5.3.12.2条中（3）焊接有接地连接装置	施工质量	一般缺陷	建议结合年、季检修计划或日常维护工作进行处缺
			杆塔保护设施损坏	Q/GDW 745—2012《配电网设备缺陷分类标准》第4.1.1.2条中c)–3)杆塔保护设施损坏	外力影响	一般缺陷	建议及时对杆塔保护设施进行修复
			杆塔基础被水淹	国网北京市电力公司《配电网运维规程》第7.2.2条中（3）杆塔有无被水淹、水冲的可能，防洪设施有无损坏、坍塌	外力影响	严重缺陷	建议及时采取抽水或加固等措施处缺
	导线	导线	同一耐张段内各相导线的弧垂不一致，水平排列的导线弧垂相差大于50mm	国网北京市电力公司《配电网施工工艺及验收规范》第6.2.8.6条中（3）导线紧好后，弧垂的误差不应超过设计弧垂的±5%。在一个耐张段内各相导线的弧垂宜一致；水平排列的导线弧垂相差不应大于50mm	施工质量	一般缺陷	建议结合年、季检修计划或日常维护工作进行处缺
			架空绝缘线挂地线后，绝缘未恢复	京电运检〔2015〕64号《配电网建设改造相关技术标准》第五条：绝缘线路线夹、避雷器接头、导线等裸露点采用硅橡胶材质的"自固化绝缘防水包材"进行包缠恢复绝缘	施工质量	一般缺陷	建议结合年、季检修计划或日常维护工作进行处缺
			电力导线在最大弧垂时与弱电线路的交叉跨越最小垂直距离，10kV小于2m，0.4kV小于1m；最小水平距离，10kV小于2m，0.4kV小于1m	国网北京市电力公司《配电网施工工艺及验收规范》第6.2.8.8条中（1）–2）电力导线在最大弧垂时与弱电线路的交叉跨越最小垂直距离，10kV不小于2m，0.4kV不小于1m；最小水平距离，10kV不小于2m，0.4kV不小于1m	施工质量	一般缺陷	建议采取防护措施或结合停电进行处理

设备类别	设备部件	缺陷部位	缺陷内容	参考依据/标准	缺陷类别	缺陷等级	检修策略
架空线路	导线	导线	10kV 导线之间、10kV 导线与 0.4kV 导线之间的最小垂直距离不足 2m，最小水平距离不足 2.5m	国网北京市电力公司《配电网施工工艺及验收规范》第 6.2.8.8 条中（2）0.4kV、10kV 裸线、绝缘线与其他电力线路导线的交叉或接近距离，在上方导线最大弧度时，不应小于表 11 所列数值	施工质量	一般缺陷	建议采取防护措施或结合停电进行处理
			一个档距内，每条绝缘线的绝缘损伤修补超过 3 处	国网北京市电力公司《配电网施工工艺及验收规范》第 6.2.8.2 条中（5）–4）一个档距内，每条绝缘线的绝缘损伤修补不宜超过 3 处	施工质量	一般缺陷	建议结合年、季检修计划或日常维护工作进行处缺
			一个档距内，每根导线存在接头大于 1 个	国网北京市电力公司《配电网施工工艺及验收规范》第 6.2.8.3 条中（1）–2）在一个档距内，每根导线宜有一个接头	施工质量	一般缺陷	建议结合年、季检修计划或日常维护工作进行处缺
			导线接头距导线固定点小于 0.5m	国网北京市电力公司《配电网施工工艺及验收规范》第 6.2.8.3 条中（1）–3）导线接头距导线固定点不应小于 0.5m	施工质量	一般缺陷	建议结合年、季检修计划或日常维护工作进行处缺
			主导线与弓子线连接处未采用永久型线夹	国网北京市电力公司《配电网施工工艺及验收规范》第 6.2.8.4 条中（1）–1）0.4kV、10kV 架空线路裸铝绞线、绝缘铝绞线、钢芯铝绞线、绝缘钢芯铝绞线的弓子线接续应采用永久型线夹	施工质量	一般缺陷	建议结合年、季检修计划或日常维护工作进行处缺
			导线有小异物不会影响安全运行	Q/GDW 745—2012《配电网设备缺陷分类标准》第 4.1.2 条中 c）–9）导线有小异物不会影响安全运行	运维责任	一般缺陷	建议及时处缺

续表

设备类别	设备部件	缺陷部位	缺陷内容	参考依据/标准	缺陷类别	缺陷等级	检修策略
架空线路	导线	导线	导线挂有大异物将会引起相间短路等故障	Q/GDW 745—2012《配电网设备缺陷分类标准》第 4.1.2 条中 a)-4）导线挂有大异物将会引起相间短路等故障	运维责任	严重缺陷	建议立即处缺
			导线本体温度异常，δ（相对温差）≥35% 但热点温度未达到严重缺陷温度值	DL/T 664—2016《带电设备红外诊断应用规范》附录 H 中表 H.1 电流致热型设备缺陷诊断判据："一般缺陷：金属导线 δ（相对温差）≥35% 但热点温度未达到严重缺陷温度值"	运维责任	一般缺陷	建议重点关注
			导线本体温度异常，80℃≤金属导线热点温度≤110℃，或 δ（相对温差）≥80% 但热点温度未达紧急缺陷温度值	DL/T 664—2016《带电设备红外诊断应用规范》附录 H 中表 H.1 电流致热型设备缺陷诊断判据："严重缺陷：80℃≤金属导线热点温度≤110℃，或 δ（相对温差）≥80% 但热点温度未达紧急缺陷温度值"	运维责任	严重缺陷	建议及时处缺
			导线本体温度异常，热点温度＞110℃，或 δ（相对温差）≥95% 且热点温度＞80℃	DL/T 664—2016《带电设备红外诊断应用规范》附录 H 中表 H.1 电流致热型设备缺陷诊断判据："危急缺陷：金属导线热点温度＞110℃，或 δ（相对温差）≥95% 且热点温度＞80℃"	运维责任	危急缺陷	建议立即处缺
			导线绝缘破损，超声波及声学成像仪检测有异常声音，最大数值在 0～10dB	国网北京市电力公司《配电网运维规程》第 D.4.2.3 条中（1）劣化程度在 0dB～10dB 间为"一般缺陷"：被检测设备继续运行，等级为绿色	运维责任	一般缺陷	被检测设备继续运行

设备类别	设备部件	缺陷部位	缺陷内容	参考依据/标准	缺陷类别	缺陷等级	检修策略
架空线路	导线	导线	导线绝缘破损，超声波及声学成像仪检测有异常声音，最大数值在 11～30dB	国网北京市电力公司《配电网运维规程》第 D.4.2.3 条中（2）劣化程度在 11dB～30dB 间为"严重缺陷"：被检测设备需要加强监控，6 个月内还需进行检测，看缺陷程度是否有发展趋势，若有发展，则需要进行检修或更换，等级黄色	运维责任	严重缺陷	被检测设备需要加强监控，6 个月内还需进行检测，看缺陷程度是否有发展趋势，若有发展，则需要进行检修或更换
			导线绝缘破损，超声波及声学成像仪检测有异常声音，最大数值在 31dB 以上	国网北京市电力公司《配电网运维规程》第 D.4.2.3 条中（3）劣化程度在 31dB 以上为"危急缺陷"：被检测设备需要近期进行检修或者更换，等级为红色	运维责任	危急缺陷	被检测设备需要近期进行检修或者更换
			导线存在断股、损伤、烧伤、腐蚀的痕迹	国网北京市电力公司《配电网运维规程》第 7.2.4 条中（1）导线有无断股、损伤、烧伤、腐蚀的痕迹	设备本体	严重缺陷	建议结合年、季检修计划或日常维护工作进行处缺
			导线出现散股、灯笼现象	Q/GDW 745—2012《配电网设备缺陷分类标准》中表 B.1 架空线路设备缺陷库"一般缺陷：轻度散股现象，导线一耐张段出现散股现象一处"	设备本体	一般缺陷	建议结合年、季检修计划或日常维护工作进行处缺
			导线有散股、灯笼现象，一耐张段出现 3 处及以上散股	Q/GDW 745—2012《配电网设备缺陷分类标准》中表 B.1 架空线路设备缺陷库"严重缺陷：中度散股现象，导线有散股现象，一耐张段出现 3 处及以上散股"	设备本体	严重缺陷	建议及时处缺
	绝缘子	绝缘子	绝缘子歪斜	国网北京市电力公司《配电网运维规程》第 7.2.3 条中（7）绝缘子钢脚有无弯曲，铁件有无严重锈蚀，绝缘子是否歪斜	施工质量	一般缺陷	建议结合年、季检修计划或日常维护工作进行处缺

续表

设备类别	设备部件	缺陷部位	缺陷内容	参考依据/标准	缺陷类别	缺陷等级	检修策略
架空线路	绝缘子	绝缘子	柱式绝缘子未安装双螺母	国网北京市电力公司《配电网施工工艺及验收规范》第6.2.5.3条：安装10kV柱式绝缘子、0.4kV针式绝缘子时应加弹簧垫圈，安装应牢固。10kV线路型柱式绝缘子应安装双螺母	施工质量	一般缺陷	建议结合年、季检修计划或日常维护工作进行处缺
			柱式绝缘子螺母松动	国网北京市电力公司《配电网施工工艺及验收规范》第6.2.5.3条：安装10kV柱式绝缘子、0.4kV针式绝缘子时应加弹簧垫圈，安装应牢固。10kV线路型柱式绝缘子应安装双螺母	施工质量	一般缺陷	建议结合年、季检修计划或日常维护工作进行处缺
			悬式绝缘子固定螺栓未加装弹簧销子	国网北京市电力公司《配电网施工工艺及验收规范》第6.2.5.4条中（2）耐张串上的弹簧销子、螺栓应由上向下穿	施工质量	一般缺陷	建议结合年、季检修计划或日常维护工作进行处缺
			导线与柱式绝缘子固定未正确使用双十字绑扎法	国网北京市电力公司《配电网施工工艺及验收规范》第6.2.8.7条中（2）-2）导线固定采用绑扎法，10kV线路采用双十字绑扎法	施工质量	一般缺陷	建议结合年、季检修计划或日常维护工作进行处缺
			绝缘子绑线松弛、开断	国网北京市电力公司《配电网运维规程》第7.2.4条中（8）支持绝缘子绑扎线有无松弛和开断现象	施工质量	一般缺陷	建议结合年、季检修计划或日常维护工作进行处缺
			绝缘子绑线开断，致使导线搭挂横担	国网北京市电力公司《配电网运维规程》第7.2.4条中（8）支持绝缘子绑扎线有无松弛和开断现象	施工质量	严重缺陷	建议立即处缺
			箝位绝缘子未加护罩	国网北京市电力公司《配电网运维规程》第7.1.11.3条中（2）放电箝位绝缘子绝缘罩、引弧板是否完好	施工质量	一般缺陷	建议结合年、季检修计划或日常维护工作进行处缺

续表

设备类别	设备部件	缺陷部位	缺陷内容	参考依据/标准	缺陷类别	缺陷等级	检修策略
架空线路	绝缘子	绝缘子	箍位绝缘子未加装象鼻间隙	国网北京市电力公司《配电网运维规程》第7.1.11.4条中（5）箍位绝缘子是否加装象鼻间隙	施工质量	一般缺陷	建议结合年、季检修计划或日常维护工作进行处缺
			绝缘子轻度污秽，但表面无明显放电痕迹	Q/GDW 745—2012《配电网设备缺陷分类标准》第4.1.3条中c）-1）污秽较为严重，但表面无明显放电	运维责任	一般缺陷	建议结合年、季检修计划或日常维护工作进行处缺
			绝缘子中度污秽，有明显放电痕迹	Q/GDW 745—2012《配电网设备缺陷分类标准》第4.1.3条中b）-1）有明显放电（痕迹）	运维责任	严重缺陷	建议及时处缺
			绝缘子重度污秽，表面有严重放电痕迹	Q/GDW 745—2012《配电网设备缺陷分类标准》第4.1.3条中a）-1）表面有严重放电痕迹	运维责任	危急缺陷	建议立即处缺
			10kV架空线路仍使用针式绝缘子未更换为柱式绝缘子	《国网北京市电力公司配电网工程典型设计 线路分册 2016年版》第5.6.2条中（1）10kV架空绝缘线路直线杆应选用柱式瓷绝缘子，不再使用针式绝缘子。当架空线路为裸导线时，直线杆应采用柱式瓷绝缘子	运维责任	一般缺陷	建议结合年、季检修计划或日常维护工作进行处缺
			箍位绝缘子护罩脱落、缺失	国网北京市电力公司《配电网运维规程》第7.1.11.3条中（2）放电箍位绝缘子绝缘罩、引弧板是否完好	运维责任	一般缺陷	建议结合年、季检修计划或日常维护工作进行处缺
			箍位绝缘子引弧板缺失	国网北京市电力公司《配电网运维规程》第7.1.11.3条中（2）放电箍位绝缘子绝缘罩、引弧板是否完好	运维责任	一般缺陷	建议结合年、季检修计划或日常维护工作进行处缺
			超声波及声学成像仪检测绝缘子处有异常声音，最大数值在0~10dB	国网北京市电力公司《配电网运维规程》第D.4.2.3条中（1）劣化程度在0dB~10dB间为"一般缺陷"：被检测设备继续运行，等级为绿色	运维责任	一般缺陷	被检测设备继续运行

设备类别	设备部件	缺陷部位	缺陷内容	参考依据/标准	缺陷类别	缺陷等级	检修策略
架空线路	绝缘子	绝缘子	超声波及声学成像仪检测绝缘子处有异常声音，最大数值在11～30dB	国网北京市电力公司《配电网运维规程》第 D.4.2.3 条中（2）劣化程度在 11dB～30dB 间为"严重缺陷"：被检测设备需要加强监控，6 个月内还需进行检测，看缺陷程度是否有发展趋势，若有发展，则需要进行检修或更换，等级黄色	运维责任	严重缺陷	被检测设备需要加强监控，6 个月内还需进行检测，看缺陷程度是否有发展趋势，若有发展，则需要进行检修或更换
			超声波及声学成像仪检测绝缘子处有异常声音，最大数值在31dB以上	国网北京市电力公司《配电网运维规程》第 D.4.2.3 条中（3）劣化程度在 31dB 以上为"危急缺陷"：被检测设备需要近期进行检修或者更换，等级为红色	运维责任	危急缺陷	被检测设备需要近期进行检修或者更换
			绝缘子破损、裂纹	国网北京市电力公司《配电网运维规程》第 7.2.3 条中（4）瓷质绝缘子有无损伤、裂纹和闪络痕迹，釉面剥落面积不应大于 100mm^2	设备本体	一般缺陷	建议结合年、季检修计划或日常维护工作进行处缺
	铁件、金具	线夹	裸铝绞线、绝缘铝绞线、钢芯铝绞线、绝缘钢芯铝绞线弓子线接续未采用 H 形液压线夹；设备引下线接续未采用弹射楔形线夹	《国网北京市电力公司配电网工程典型设计　线路分册　2016年版》第 5.6.1 条中（2）裸铝绞线、绝缘铝绞线、钢芯铝绞线、绝缘钢芯铝绞线弓子线接续一般采用 H 形液压线夹；设备引下线接续一般采用弹射楔形线夹	施工质量	一般缺陷	建议结合年、季检修计划或日常维护工作进行处缺
			线夹无绝缘护罩	京电运检〔2016〕68 号《国网北京市电力公司"煤改电"建设改造技术细则》第 5.1.4.2 条：导线连接线夹加装绝缘卷材（绝缘罩）	施工质量	一般缺陷	建议结合年、季检修计划或日常维护工作进行处缺

设备类别	设备部件	缺陷部位	缺陷内容	参考依据/标准	缺陷类别	缺陷等级	检修策略
架空线路	铁件、金具	线夹	螺栓型耐张线夹固定螺栓未安装弹簧销子	Q/GDW 745—2012《配电网设备缺陷分类标准》第4.1.4.1条中a）–3）金具的保险销子脱落、连接金具球头锈蚀严重、弹簧销脱出或生锈失效、挂环断裂；金具串钉移位、脱出、挂环断裂、变形	施工质量	一般缺陷	建议结合年、季检修计划或日常维护工作进行处缺
			线夹护罩脱落	京电运检〔2016〕68号《国网北京市电力公司"煤改电"建设改造技术细则》第5.1.4.2条：导线连接线夹加装绝缘卷材（绝缘罩）	运维责任	一般缺陷	建议结合年、季检修计划或日常维护工作进行处缺
			线夹上搭挂异物	国网北京市电力公司《配电网运维规程》第7.1.11.1条中（1）线路上有无鸟窝、树枝、铁丝、锡箔纸、塑料布、风筝等等异物	运维责任	一般缺陷	建议立即处缺
			导线与弓子线连接处线夹温度异常，线夹处δ（相对温差）≥35%但热点温度未达到严重缺陷温度值，未达到重要缺陷的要求	DL/T 664—2016《带电设备红外诊断应用规范》附录H中表H.1电流致热型设备缺陷诊断判据："一般缺陷：线夹处δ（相对温差）≥35%但热点温度未达到严重缺陷温度值"	运维责任	一般缺陷	建议重点关注，结合年、季检修计划或日常维护工作进行处缺
			导线与弓子线连接处线夹温度异常，90℃≤线夹处热点温度≤130℃，或δ（相对温差）≥80%但热点温度未达紧急缺陷温度值	DL/T 664—2016《带电设备红外诊断应用规范》附录H中表H.1电流致热型设备缺陷诊断判据："严重缺陷：90℃≤线夹处热点温度≤130℃，或δ（相对温差）≥80%但热点温度未达紧急缺陷温度值"	运维责任	严重缺陷	建议及时处缺

续表

设备类别	设备部件	缺陷部位	缺陷内容	参考依据 / 标准	缺陷类别	缺陷等级	检修策略
架空线路	铁件、金具	线夹	导线与弓子线连接处线夹温度异常，线夹处热点温度＞130℃，或 δ（相对温差）≥95%且热点温度＞90℃	DL/T 664—2016《带电设备红外诊断应用规范》附录 H 中表 H.1 电流致热型设备缺陷诊断判据："危急缺陷：线夹处热点温度＞130℃，或 δ（相对温差）≥95%且热点温度＞90℃"	运维责任	危急缺陷	建议立即处缺
			超声波及声学成像仪检测线夹处有异常声音，最大数值在 0 ~ 10dB	国网北京市电力公司《配电网运维规程》第 D.4.2.3 条中（1）劣化程度在 0dB ~ 10dB 间为"一般缺陷"：被检测设备继续运行，等级为绿色	运维责任	一般缺陷	被检测设备继续运行
			超声波及声学成像仪检测线夹处有异常声音，最大数值在 11 ~ 30dB	国网北京市电力公司《配电网运维规程》第 D.4.2.3 条中（2）劣化程度在 11dB ~ 30dB 间为"严重缺陷"：被检测设备需要加强监控，6 个月内还需进行检测，看缺陷程度是否有发展趋势，若有发展，则需要进行检修或更换，等级黄色	运维责任	严重缺陷	被检测设备需要加强监控，6 个月内还需进行检测，看缺陷程度是否有发展趋势，若有发展，则需要进行检修或更换
			超声波及声学成像仪检测线夹处有异常声音，最大数值在 31dB 以上	国网北京市电力公司《配电网运维规程》第 D.4.2.3 条中（3）劣化程度在 31dB 以上为"危急缺陷"：被检测设备需要近期进行检修或者更换，等级为红色	运维责任	危急缺陷	被检测设备需要近期进行检修或者更换
		横担	横担歪斜	国网北京市电力公司《配电网运维规程》第 7.2.3 条中（2）横担上下倾斜、左右偏斜不应大于横担长度的 2%	施工质量	一般缺陷	建议结合年、季检修计划或日常维护工作进行处缺
			方型横担与电杆梢径不匹配，固定不牢固	国网北京市电力公司《配电网施工工艺及验收规范》第 6.2.4.8 条：安装方型横担，应与电杆梢径配套，固定牢固	施工质量	一般缺陷	建议结合年、季检修计划或日常维护工作进行处缺

设备类别	设备部件	缺陷部位	缺陷内容	参考依据/标准	缺陷类别	缺陷等级	检修策略
架空线路	铁件、金具	横担	方型横担抱箍固定螺栓未拧紧	国网北京市电力公司《配电网施工工艺及验收规范》第6.2.4.12条中（5）螺母应拧紧	施工质量	一般缺陷	建议及时处缺
			转角杆横担未按要求采用抱立横担	国网北京市电力公司《配电网施工工艺及验收规范》第6.2.4.9条：采用柱式绝缘子转角为15°~30°时应采用抱立杆型；转角在30°~45°时应采用抱担断连杆型，转角在45°以上时应采用双层抱担转角杆型	施工质量	一般缺陷	建议及时处缺
			绝缘横担改造线路段，转角杆和耐张杆未安装带外串联间隙避雷器	Q/GDW 10813—2023《10kV架空绝缘线路防雷技术规范》第B.2条：采用绝缘横担措施宜全区段逐基杆塔逐相安装，整体抬高线路相对地绝缘水平，防止形成绝缘薄弱放电点。若转角塔和耐张塔缺乏适用的绝缘横担产品，应安装一组带外串联间隙避雷器，或者参照直线杆塔绝缘横担绝缘水平相应增加转角塔和耐张塔绝缘，进行雷电放电防护。参照B.1，设置绝缘横担的区段可不设置接地装置	施工质量	一般缺陷	建议结合年、季检修计划或日常维护工作进行处缺
			10kV与10kV同杆架设多回线路，直线杆横担间层距小于0.5m；10kV与4kV同杆架设多回线路，直线杆横担间层距小于1m	国网北京市电力公司《配电网施工工艺及验收规范》第6.2.4.2条：10kV、0.4kV同杆架设多回线路，横担间层距见表6	施工质量	一般缺陷	建议结合年、季检修计划或日常维护工作进行处缺
			横担锈蚀	Q/GDW 745—2012《配电网设备缺陷分类标准》第4.1.4.2条中b）-2）横担严重锈蚀（起皮和严重麻点，锈蚀面积超过1/2）	设备本体	一般缺陷	建议结合年、季检修计划或日常维护工作进行处缺

设备类别	设备部件	缺陷部位	缺陷内容	参考依据 / 标准	缺陷类别	缺陷等级	检修策略
架空线路	铁件、金具	金具	抱立担未按要求安装连板	《国网北京市电力公司配电网工程典型设计　线路分册　2016年版》中图 9-1 抱立混凝土电杆安装图（B-15-0）	施工质量	一般缺陷	建议结合年、季检修计划或日常维护工作进行处缺
			横担中相立铁抱箍与杆梢距离小于 100mm	《国网北京市电力公司配电网工程典型设计　线路分册　2016年版》图 7-1 直线混凝土电杆安装图（Z1-15-I）	施工质量	一般缺陷	建议结合年、季检修计划或日常维护工作进行处缺
			开口销未做30°~60°开口处理	《国网北京市电力公司配电网施工工艺及验收规范》第6.2.5.4 条中（3）采用闭口销时，其直径必须与孔径相配合，且弹力适度。采用开口销时应对称开口，开口 30°~60°，开口后的销子不应有折断、裂痕等现象，不准用线材或其他材料代替开口销子	施工质量	一般缺陷	建议结合年、季检修计划或日常维护工作进行处缺
			横担中相立铁歪斜	国网北京市电力公司《配电网运维规程》第 7.2.3 条中（3）螺栓是否紧固，有无缺螺帽、销子，开口销及弹簧销有无锈蚀、断裂、脱落	施工质量	一般缺陷	建议结合年、季检修计划或日常维护工作进行处缺
			大档距导线防振锤缺失	国网北京市电力公司《配电网运维规程》第 7.2.3 条中（10）预绞丝有无滑动、断股或烧伤，防振锤有无移位、脱落、偏斜	施工质量	一般缺陷	建议结合年、季检修计划或日常维护工作进行处缺
			金具存在明显锈蚀	国网北京市电力公司《配电网施工工艺及验收规范》第5.3.14.3 条：镀锌金具锌层应良好，无锌层脱落、锈蚀等现象	施工质量	一般缺陷	建议结合年、季检修计划或日常维护工作进行处缺
			防振锤破损	国网北京市电力公司《配电网运维规程》第 7.2.3 条中（10）预绞丝有无滑动、断股或烧伤，防振锤有无移位、脱落、偏斜	设备本体	一般缺陷	建议结合年、季检修计划或日常维护工作进行处缺

设备类别	设备部件	缺陷部位	缺陷内容	参考依据 / 标准	缺陷类别	缺陷等级	检修策略
架空线路	拉线	拉线	拉线松弛	国网北京市电力公司《配电网施工工艺及验收规范》第6.2.6.1条中（2）拉线应正常受力，不得松弛	施工质量	一般缺陷	建议结合年、季检修计划或日常维护工作进行处缺
			拉线存在受力影响	国网北京市电力公司《配电网施工工艺及验收规范》第6.2.6.1条中（2）拉线应正常受力，不得松弛	施工质量	一般缺陷	建议结合年、季检修计划或日常维护工作进行处缺
			道路边的拉线未设置防护设施（护坡、反光管等）	Q/GDW 745—2012《配电网设备缺陷分类标准》第4.1.5.1条中b）-3）道路边的拉线应设防护设施（护坡、反光管等）而未设置	施工质量	一般缺陷	建议及时补装防护设施
			拉线基础沉陷	国网北京市电力公司《配电网运维规程》第7.2.5条中（4）拉线基础是否牢固，周围土壤有无突起、沉陷、缺土等现象	施工质量	一般缺陷	建议及时处缺
			拉线穿越导线时距带电部位小于200mm	国网北京市电力公司《配电网施工工艺及验收规范》第6.2.6.1条中（4）拉线穿越导线时距带电部位至少保持200mm，并应采取以下之一的防护措施：1）采用黑色耐候聚乙烯绝缘钢绞线；2）穿越线路时在线路上、下方加拉线绝缘子。在断拉线的情况下，绝缘子对地不得小于2.5m，不应以悬式绝缘子代替拉线绝缘子	施工质量	严重缺陷	建议采取以下之一措施：①采用黑色耐候聚乙烯绝缘钢绞线；②穿越线路时在线路上、下方加拉线绝缘子。在断拉线的情况下，绝缘子对地不得小于2.5m，不应以悬式绝缘子代替拉线绝缘子
			非绝缘拉线与横担接触且未加设拉线绝缘子	国网北京市电力公司《配电网运维规程》第7.2.5条（6）非绝缘拉线应加设拉线绝缘子	施工质量	一般缺陷	建议及时处缺

续表

设备类别	设备部件	缺陷部位	缺陷内容	参考依据／标准	缺陷类别	缺陷等级	检修策略
架空线路	拉线	拉线	拉线尾线未进行绑扎	国网北京市电力公司《配电网施工工艺及验收规范》第 6.2.6.2 条中（2）–3）楔形线夹处拉线尾线应露出线夹 200mm，用直径 2mm 镀锌铁线与主拉线绑扎 20mm；楔形 UT 线夹处拉线尾线应露出线夹 300 ~ 500mm，用直径 2mm 镀锌铁线与主拉线绑扎 40mm。拉线回弯部分不应有明显松脱、灯笼，不得用钢线卡子（俗称卡豆）代替镀锌铁线绑扎，尾线被绑扎后露头不大于 15mm	施工质量	一般缺陷	建议及时处缺
			拉线抱箍螺栓未拧紧，发生移位	国网北京市电力公司《配电网运维规程》第 7.2.5 条中（8）拉线的抱箍、拉线棒、UT 型线夹、楔型线夹等金具铁件有无变形、锈蚀、松动或丢失现象	施工质量	一般缺陷	建议结合年、季检修计划或日常维护工作进行处缺
			拉线与电杆角度小于 30°	国网北京市电力公司《配电网施工工艺及验收规范》第 6.2.6.1 条中（2）拉线与电杆的夹角宜采用 45°（经济夹角），当受环境限制时，可适当减小，但不得小于 30°，拉线应正常受力，不得松弛	施工质量	一般缺陷	建议结合年、季检修计划或日常维护工作进行处缺
			拉线棒外露地面长度大于 700mm，拉线棒埋深不足	国网北京市电力公司《配电网施工工艺及验收规范》第 6.2.6.1 条中（3）拉线坑应挖斜坡（马道），使拉线棒与拉线成一直线。拉线棒与拉线盘应垂直、与拉线盘连接应加角铁背板并带双螺母，拉线棒外露地面长度一般为 500 ~ 700mm	施工质量	一般缺陷	建议结合年、季检修计划或日常维护工作进行处缺

续表

设备类别	设备部件	缺陷部位	缺陷内容	参考依据/标准	缺陷类别	缺陷等级	检修策略
架空线路	拉线	拉线	楔型线夹处拉线尾线与主拉线的铁丝绑扎宽度不足 20mm；楔型 UT 线夹处拉线尾线与主拉线的铁丝绑扎宽度不足 40mm	国网北京市电力公司《配电网施工工艺及验收规范》第 6.2.6.2 条中（2）-3）楔型线夹处拉线尾线应露出线夹 200mm，用直径 2mm 镀锌铁线与主拉线绑扎 20mm；楔型 UT 线夹处拉线尾线应露出线夹 300～500mm，用直径 2mm 镀锌铁线与主拉线绑扎 40mm。拉线回弯部分不应有明显松脱、灯笼，不得用钢线卡子（俗称卡豆）代替镀锌铁线绑扎，尾线被绑扎后露头不大于 15mm	施工质量	一般缺陷	建议结合年、季检修计划或日常维护工作进行处缺
			楔型线夹处拉线尾线露出线夹不足 200mm；楔型 UT 线夹处拉线尾线露出线夹不足 300～500mm	国网北京市电力公司《配电网施工工艺及验收规范》第 6.2.6.2 条中（2）-3）楔型线夹处拉线尾线应露出线夹 200mm，用直径 2mm 镀锌铁线与主拉线绑扎 20mm；楔型 UT 线夹处拉线尾线应露出线夹 300～500mm，用直径 2mm 镀锌铁线与主拉线绑扎 40mm。拉线回弯部分不应有明显松脱、灯笼，不得用钢线卡子（俗称卡豆）代替镀锌铁线绑扎，尾线被绑扎后露头不大于 15mm	施工质量	一般缺陷	建议结合年、季检修计划或日常维护工作进行处缺
			楔型 UT 线夹螺杆变形	国网北京市电力公司《配电网运维规程》第 7.2.5 条中（8）拉线的抱箍、拉线棒、UT 型线夹、楔型线夹等金具铁件有无变形、锈蚀、松动或丢失现象	施工质量	一般缺陷	建议结合年、季检修计划或日常维护工作进行处缺

续表

设备 类别	设备 部件	缺陷 部位	缺陷内容	参考依据 / 标准	缺陷 类别	缺陷 等级	检修策略
架空 线路	拉线	拉线	楔形 UT 线夹螺杆丝扣外露不宜大于 30mm	国网北京市电力公司《配电网施工工艺及验收规范》第 6.2.6.2 条中（2）–5）拉线紧好后，楔型 UT 线夹的螺杆丝扣外露长度不宜大于 30mm，楔型 UT 线夹的双螺母应拧紧并牢固	施工质量	一般缺陷	建议结合年、季检修计划或日常维护工作进行处缺
			楔型 UT 线夹未采用双母进行固定	国网北京市电力公司《配电网施工工艺及验收规范》第 6.2.6.2 条中（2）–5）拉线紧好后，楔型 UT 线夹的螺杆丝扣外露长度不宜大于 30mm，楔型 UT 线夹的双螺母应拧紧并牢固	施工质量	一般缺陷	建议及时处缺
			跨越道路的水平拉线，对路边缘的垂直距离小于 6m	国网北京市电力公司《配电网运维规程》第 7.2.5 条中（2）跨越道路的水平拉线，对路边缘的垂直距离不应小于 6m	施工质量	一般缺陷	建议及时处缺
			跨越道路的水平拉线安装不规范（拉线固定在通信线上，未按要求固定在拉桩杆上）	国网北京市电力公司《配电网施工工艺及验收规范》第 6.2.6.1 条中（7）跨越道路的水平拉线与拉桩杆的安装（见图 9）要求如下：4）拉线抱箍距拉桩杆顶端为 250mm ~ 300mm，拉桩杆的拉线抱箍距地不低于 5m	施工质量	一般缺陷	建议及时处缺
			拉线上藤蔓附生	国网北京市电力公司《配电网运维规程》第 7.2.2 条中（7）杆塔周围有无藤蔓类攀岩植物和其他附着物，有无危及安全的鸟窝、风筝及杂物	运维责任	一般缺陷	建议及时处缺

设备类别	设备部件	缺陷部位	缺陷内容	参考依据 / 标准	缺陷类别	缺陷等级	检修策略
架空线路	拉线	拉线	拉线绝缘破损、线芯断股	国网北京市电力公司《配电网施工工艺及验收规范》第6.2.6.2条中（2）-2）线夹舌板与拉线接触应吻合紧密，受力后应无滑动现象，线夹凸肚应在尾线侧，安装不应损伤线股	设备本体	一般缺陷	建议及时处缺
			拉线锈蚀	国网北京市电力公司《配电网运维规程》第7.2.5条中（1）拉线有无断股、松弛、严重锈蚀和张力分配不匀的现象	设备本体	一般缺陷	建议结合年、季检修计划或日常维护工作进行处缺
			拉线棒锈蚀	国网北京市电力公司《配电网运维规程》7.2.5条中（3）拉线棒有无严重锈蚀、变形、损伤及上拔现象，必要时应作局部开挖检查	设备本体	一般缺陷	建议结合年、季检修计划或日常维护工作进行处缺
架空线路	通道	通道	10kV 绝缘线与建筑物最小垂直距离小于 2.5m，最小水平距离小于 0.75m	国网北京市电力公司《配电网施工工艺及验收规范》第6.2.8.8条中（3）线路边线与房屋建筑的水平距离在最大风偏情况下，不应小于表12所列数值；配电线路一般不允许跨房，因地形所限必须跨房时，在导线最大弧垂时与房顶的垂直距离不应小于表12所列数值	施工质量	严重缺陷	建议增加防护措施，并结合年、季检修计划或日常维护工作进行处缺
			10kV 裸绞线及绝缘线在最大弧垂时对居民区最小垂直距离小于6.5m；非居民区5.5m；交通困难地区4.5m；城市道路7.0m；人行过街桥5m（裸绞线），人行过街桥4m（绝缘线）	国网北京市电力公司《配电网施工工艺及验收规范》第6.2.8.8条中（6）导线在最大弧垂时对地面、水面及跨越物的最小垂直距离不应小于表15所列数值	施工质量	一般缺陷	建议结合年、季检修计划或日常维护工作进行处缺

续表

设备类别	设备部件	缺陷部位	缺陷内容	参考依据 / 标准	缺陷类别	缺陷等级	检修策略
架空线路	通道	通道	10kV 绝缘线与公园、绿化区、防护林带树木最小垂直距离小于 3m，最小水平距离小于 1m；10kV 绝缘线与果林、经济林、城市灌木林最小垂直、水平距离小于 1m；10kV 绝缘线与城市街道绿化树木最小垂直距离小于 0.8m，最小水平距离小于 1m	国网北京市电力公司《配电网施工工艺及验收规范》第 6.2.8.8 条中（4）导线对树木的距离，导线在最大弧垂及最大风偏情况下，最小净空距离应符合表 13 所列数值，校验导线与树木之间的垂直距离，应考虑树木在修剪周期内自然生长的高度	运维责任	一般缺陷	建议加装绝缘护管或及时去除树枝
			10kV 绝缘线与步行可以达到的山坡、峭壁、岩石的净空距离小于 3.5m；10kV 绝缘线与步行不能达到的山坡、峭壁、岩石的净空距离小于 1.5m	国网北京市电力公司《配电网施工工艺及验收规范》第 6.2.8.8 条中（5）导线与山坡、峭壁、岩石之间的净空距离，在最大风偏情况下不应小于表 14 所列数值	运维责任	一般缺陷	建议结合年、季检修计划或日常维护工作进行处缺
			导线与树枝摩擦，超声波及声学成像仪检测有异常声音，最大数值在 0 ~ 10dB	国网北京市电力公司《配电网运维规程》第 D.4.2.3 条中（1）劣化程度在 0dB ~ 10dB 间为"一般缺陷"：被检测设备继续运行，等级为绿色	运维责任	一般缺陷	被检测设备继续运行

设备类别	设备部件	缺陷部位	缺陷内容	参考依据／标准	缺陷类别	缺陷等级	检修策略
架空线路	通道	通道	导线与树枝摩擦，超声波及声学成像仪检测有异常声音，最大数值在 11～30dB	国网北京市电力公司《配电网运维规程》第 D.4.2.3 条中（2）劣化程度在 11dB～30dB 间为"严重缺陷"：被检测设备需要加强监控，6 个月内还需进行检测，看缺陷程度是否有发展趋势，若有发展，则需要进行检修或更换，等级黄色	运维责任	严重缺陷	被检测设备需要加强监控，6 个月内还需进行检测，看缺陷程度是否有发展趋势，若有发展，则需要进行检修或更换
			导线与树枝摩擦，超声波及声学成像仪检测有异常声音，最大数值在 31dB 以上	国网北京市电力公司《配电网运维规程》第 D.4.2.3 条中（3）劣化程度在 31dB 以上为"危急缺陷"：被检测设备需要近期进行检修或者更换，等级为红色	运维责任	危急缺陷	被检测设备需要近期进行检修或者更换
			通道内有违章建筑、堆积物	Q/GDW 745—2012《配电网设备缺陷分类标准》第 4.1.6 条中 c）-2）通道内有违章建筑、堆积物	运维责任	一般缺陷	建议及时处缺
			通道内存在施工隐患	国网北京市电力公司《配电网运维规程》第 7.1.11.1 条中（4）配网运行中设备周边是否有临近外力施工情况	外力影响	一般缺陷	建议及时与施工单位沟通并签订反外力相关协议
	设备标识	设备标识	设备标识、警示标示错误	Q/GDW 745—2012《配电网设备缺陷分类标准》第 4.1.8.1 条中 a）设备标识、警示标示错误	施工质量	一般缺陷	建议及时处缺
			设备无标识或缺少标识	Q/GDW 745—2012《配电网设备缺陷分类标准》第 4.1.8.1 条中 b）-2）无标识或缺少标识	施工质量	一般缺陷	建议及时处缺
			标识未安装于面向道路方向，不利于巡视、观察	国网北京市电力公司《配电网施工工艺及验收规范》第 6.5.2.8 条：标识应安装于面向道路方向，有利于巡视、观察	施工质量	一般缺陷	建议及时处缺

续表

设备类别	设备部件	缺陷部位	缺陷内容	参考依据／标准	缺陷类别	缺陷等级	检修策略
架空线路	故障指示器	故障指示器	故障指示器缺失	国网北京市电力公司《配电网施工工艺及验收规范》第6.2.9.7条中（1）故障指示器采取在线路干线及分段安装，在线路支线首端及分段处安装，在跨街及电缆入地特殊地段处安装，以及在高压用户、小区配电室进线处安装等，一般三相均安装	施工质量	一般缺陷	建议结合年、季检修计划或日常维护工作进行处缺
			故障指示器位移	Q/GDW 745—2012《配电网设备缺陷分类标准》第4.1.8.2条：一般缺陷：防雷金具、故障指示器位移	施工质量	一般缺陷	建议结合年、季检修计划或日常维护工作进行处缺
			故障指示器未安装到位	国网北京市电力公司《配电网施工工艺及验收规范》第6.2.9.7条中（4）故障指示器线夹应夹牢导线，使铁芯闭合	施工质量	一般缺陷	建议及时处缺
			故障指示器存在异常告警指示	国网北京市电力公司《配电网运维规程》第7.2.3条中（11）故障指示器工作是否正常	运维责任	一般缺陷	建议及时处缺
	接地装置	接地环	接地环护罩缺失	京电运检〔2015〕64号《配电网建设改造相关技术标准》第五条：绝缘线路线夹、避雷器接头、导线等裸露点采用硅橡胶材质的"自固化绝缘防水包材"进行包缠恢复绝缘	施工质量	一般缺陷	建议结合年、季检修计划或日常维护工作进行处缺
			接地环缺失	国网北京市电力公司《配电网施工工艺及验收规范》第6.2.8.9条中（3）接地环的安装，一般中相距横担800mm，边相距横担500mm	施工质量	一般缺陷	建议结合年、季检修计划或日常维护工作进行处缺

设备类别	设备部件	缺陷部位	缺陷内容	参考依据/标准	缺陷类别	缺陷等级	检修策略
架空线路	接地装置	接地环	分段/联络开关前、后一基电杆处；用户分界负荷开关、用户分界隔离开关的负荷侧；丁字杆、十字杆、断连杆、终端杆的一侧或两侧未安装接地环	国网北京市电力公司《配电网施工工艺及验收规范》第6.2.8.9条中（1）10kV绝缘线路下列部位应安装接地环：1）线路分段开关、联络开关前、后一基电杆处；2）用户分界负荷开关、用户分界隔离开关的负荷侧；3）丁字杆、十字杆、断连杆、终端杆的一侧或两侧	施工质量	一般缺陷	建议结合年、季检修计划或日常维护工作进行处缺
			接地环上搭挂异物	国网北京市电力公司《配电网运维规程》第7.2.2条中（7）杆塔周围有无藤蔓类攀岩植物和其他附着物，有无危及安全的鸟窝、风筝及杂物	运维责任	一般缺陷	建议及时处缺
		接地线	杆塔底部接地螺栓缺失，未有效接地	国网北京市电力公司《配电网施工工艺及验收规范》第6.2.10.2条中（9）10kV线路设备保护及防雷接地在电杆上部、中部与内嵌接地螺母连接；接地钎子在电杆底部与内嵌接地螺母连接	施工质量	一般缺陷	建议及时处缺
			杆塔底部接地圆钢引线缺失，未有效接地	国网北京市电力公司《配电网施工工艺及验收规范》第6.2.10.2条中（9）10kV线路设备保护及防雷接地在电杆上部、中部与内嵌接地螺母连接；接地钎子在电杆底部与内嵌接地螺母连接	施工质量	一般缺陷	建议及时处缺
			设备杆塔底部内嵌接地螺栓断裂，未有效接地	国网北京市电力公司《配电网施工工艺及验收规范》第6.2.10.2条中（9）10kV线路设备保护及防雷接地在电杆上部、中部与内嵌接地螺母连接；接地钎子在电杆底部与内嵌接地螺母连接	施工质量	一般缺陷	建议及时处缺

续表

设备类别	设备部件	缺陷部位	缺陷内容	参考依据／标准	缺陷类别	缺陷等级	检修策略
架空线路	接地装置	接地线	内置接地型杆塔未有效利用	国网北京市电力公司《配电网施工工艺及验收规范》第6.2.10.2条中（9）10kV线路设备保护及防雷接地在电杆上部、中部与内嵌接地螺母连接；接地钎子在电杆底部与内嵌接地螺母连接	施工质量	一般缺陷	建议结合年、季检修计划或日常维护工作进行处缺
			地线钎子与接地圆钢焊口未在地面以下 0.4m，地线钎子砸深不足	国网北京市电力公司《配电网施工工艺及验收规范》第6.1.1.4条中（2）-3）接地体引出线与接地线的焊接口应在地面以下 0.4m，表面除锈并做好防腐处理	施工质量	一般缺陷	建议及时处缺
			接地引线采用细铁丝，未按规范要求采用 8mm 圆钢引线与接地棒焊接	国网北京市电力公司《配电网施工工艺及验收规范》第6.2.10.2条中（6）接地棒（俗称地线钎子）一般采用直径20mm、长2m圆钢，焊接直径8mm圆钢引线（搭接长度应为其直径的6倍，双面施焊），热镀锌处理。变压器接地装置一般采用双地线钎子，两个钎子之间相距不小于2m，钎子下端应砸入地下4m	施工质量	一般缺陷	建议结合年、季检修计划或日常维护工作进行处缺
			接地引下线未用圆形护管保护	京电运检〔2014〕39号《国网北京市电力公司配电网建设改造原则》第3.1.2.2条中（4）防雷设备避雷器及10kV柱上设备接地引下线丢失的一律改造为 35mm² 铜芯交联聚乙烯绝缘线，在距地面5m以上的位置与直径8mm圆钢引线连接，并用接地圆形护管（2.5m）保护	施工质量	一般缺陷	建议及时处缺

设备类别	设备部件	缺陷部位	缺陷内容	参考依据/标准	缺陷类别	缺陷等级	检修策略
架空线路	接地装置	接地线	接地圆钢与扁钢焊接处未做防腐处理	国网北京市电力公司《配电网施工工艺及验收规范》第6.1.1.4条中（2）-4）接地体（线）的连接应采用焊接，焊接处焊缝应饱满并有足够的机械强度，不得有夹渣、咬肉、裂纹、虚焊、气孔等缺陷，焊接处的药皮敲净后，刷沥青做防腐处理	施工质量	一般缺陷	建议结合年、季检修计划或日常维护工作进行处缺
			接地扁钢与接地圆钢引线焊接长度不足圆钢直径的6倍	国网北京市电力公司《配电网施工工艺及验收规范》第6.1.1.4条中（2）-5）-b）镀锌圆钢焊接长度为其直径的6倍并应双面施焊（当直径不同时，搭接长度以直径大的为准）	施工质量	一般缺陷	建议结合年、季检修计划或日常维护工作进行处缺
			接地引线断裂	国网北京市电力公司《配电网运维规程》第7.11条中（7）接地线和接地体的连接是否可靠，接地线是否丢失，接地线绝缘护套是否破损，接地体有无外露、严重锈蚀，在埋设范围内有无土方工程	运维责任	一般缺陷	建议结合年、季检修计划或日常维护工作进行处缺
			接地线丢失	国网北京市电力公司《配电网运维规程》第7.11条中（7）接地线和接地体的连接是否可靠，接地线是否丢失，接地线绝缘护套是否破损，接地体有无外露、严重锈蚀，在埋设范围内有无土方工程	外力影响	一般缺陷	建议及时处缺
	户外电缆	上杆电缆	电缆终端头杆未安装避雷器	《国网北京市电力公司配电网工程典型设计 线路分册 2016年版》第5.6.3条中（1）-c）装有柱上开关、电缆终端头等杆上设备的电杆应逐基安装避雷器	施工质量	一般缺陷	建议及时处缺

续表

设备类别	设备部件	缺陷部位	缺陷内容	参考依据／标准	缺陷类别	缺陷等级	检修策略
架空线路	户外电缆	上杆电缆	户外电缆终端处未分别从电缆铠装、金属屏蔽层引出接地线	国网北京市电力公司《配电网施工工艺及验收规范》第6.3.4.1条中（2）在电缆的终端头处，电缆的铠装、金属屏蔽层应分别引出接地线并应良好接地	施工质量	一般缺陷	建议及时处缺
			户外电缆终端处铠装、金属屏蔽层等引出接地线断裂	国网北京市电力公司《配电网施工工艺及验收规范》第6.3.4.1条中（2）在电缆的终端头处，电缆的铠装、金属屏蔽层应分别引出接地线并应良好接地	施工质量	一般缺陷	建议及时处缺
			户外电缆终端头处未装设标志牌	国网北京市电力公司《配电网施工工艺及验收规范》第6.5.3.8条：在电缆终端头、电缆接头、拐弯处、夹层内、隧道及竖井的两端、人井内等地方，电缆上应装设标志牌。标志牌上应注明线路编号。当无编号时，应写明电缆型号、规格及起止地点；并联使用的电缆应有顺序号。标志牌的字迹应清晰不易脱落	施工质量	一般缺陷	建议及时处缺
			单芯电缆的固定金具构成闭合磁路	国网北京市电力公司《配电网施工工艺及验收规范》第6.3.4.3条中（1）-10）单芯电缆的固定金具不应构成闭合磁路，固定金具、固定要求以设计为准	施工质量	一般缺陷	建议及时处缺
			电缆外护套破损、变形	Q/GDW 745—2012《配电网设备缺陷分类标准》第4.11.1条：电缆外护套明显破损、变形	施工质量	一般缺陷	建议及时处缺

设备类别	设备部件	缺陷部位	缺陷内容	参考依据/标准	缺陷类别	缺陷等级	检修策略
架空线路	户外电缆	上杆电缆	电缆与固定金具之间未加装5mm橡塑缓冲垫	国网北京市电力公司《配电网施工工艺及验收规范》第6.3.4.3条中（1）-9）固定金具与电缆之间应有不小于5mm橡塑缓冲垫	施工质量	一般缺陷	建议及时处缺
			避雷器选型不正确（电缆终端杆选用外间隙避雷器）	Q/GDW 10813—2013《10kV架空绝缘线路防雷技术导则》第4.2.13条：柱上无功补偿设备、电缆终端头应装设一组无间隙避雷器，避雷器接地端应与设备金属外壳、电缆终端头铜屏蔽接地线相连并接地	设计缺陷	一般缺陷	建议及时处缺
		户外电缆终端与弓子线连接处	户外电缆终端与弓子线连接处未缠绝缘	国网北京市电力公司《配电网施工工艺及验收规范》第6.3.4.2条中（2）电缆终端和接头应采取加强绝缘、密封防潮、机械保护等措施	施工质量	一般缺陷	建议结合年、季检修计划或日常维护工作进行处缺
			户外电缆终端与弓子线连接处绝缘破损	国网北京市电力公司《配电网施工工艺及验收规范》第6.3.4.2条中（2）电缆终端和接头应采取加强绝缘、密封防潮、机械保护等措施	运维责任	一般缺陷	建议结合年、季检修计划或日常维护工作进行处缺
			户外电缆终端与弓子线连接处搭挂异物	国网北京市电力公司《配电网运维规程》第7.3.4条中（6）电缆终端头是否有不满足安全距离的异物	运维责任	一般缺陷	建议及时处缺
			电缆终端与导线连接处绝缘存在烧蚀痕迹	国网北京市电力公司《配电网运维规程》第7.3.4条中（1）连接部位是否良好，有无过热现象	运维责任	严重缺陷	建议重点关注并及时处缺

设备类别	设备部件	缺陷部位	缺陷内容	参考依据/标准	缺陷类别	缺陷等级	检修策略
架空线路	户外电缆	户外电缆终端与弓子线连接处	户外电缆终端与弓子线连接处 75℃＜实测温度≤80℃ 或 10K＜相间温差≤30K	Q/GDW 745—2012《配电网设备缺陷分类标准》中表 B.11 电缆线路设备缺陷库"一般缺陷：电缆终端温度异常，户外电缆终端与弓子线连接处 75℃＜实测温度≤80℃ 或 10K＜相间温差≤30K"	运维责任	一般缺陷	建议重点关注，结合年、季检修计划或日常维护工作进行处缺
			户外电缆终端与弓子线连接处 80℃＜实测温度≤90℃ 或 30K＜相间温差≤40K	Q/GDW 745—2013《配电网设备缺陷分类标准》中表 B.11 电缆线路设备缺陷库"严重缺陷：电缆终端温度异常，户外电缆终端与弓子线连接处 80℃＜实测温度≤90℃ 或 30K＜相间温差≤40K"	运维责任	严重缺陷	建议及时处缺
			户外电缆终端与弓子线连接处实测温度大于 90℃ 或相间温差大于 40K	Q/GDW 745—2014《配电网设备缺陷分类标准》中表 B.11 电缆线路设备缺陷库"危急缺陷：电缆终端温度异常，户外电缆终端与弓子线连接处实测温度＞90℃ 或相间温差＞40K"	运维责任	危急缺陷	建议立即处缺
			以整个电缆头为中心的热像，温差为 0.5～1K	DL/T 664—2016《带电设备红外诊断应用规范》附录 I 中表 I.1 电压致热型设备缺陷诊断判据：以整个电缆头为中心的热像，温差为 0.5～1K	运维责任	严重缺陷	建议重点关注，结合年、季检修计划或日常维护工作进行处缺
			以护层接地连接为中心的发热，温差为 5～10K，采用相对温差判别即 $\delta＞20\%$ 或有不均匀热像	DL/T 664—2016《带电设备红外诊断应用规范》附录 I 中表 I.1 电压致热型设备缺陷诊断判据：以护层接地连接为中心的发热，温差为 5～10K，采用相对温差判别即 $\delta＞20\%$ 或有不均匀热像	运维责任	严重缺陷	建议及时处缺

设备类别	设备部件	缺陷部位	缺陷内容	参考依据／标准	缺陷类别	缺陷等级	检修策略
架空线路	户外电缆	户外电缆终端与弓子线连接处	伞裙局部区域过热，温差为0.5～1K，采用相对温差判别即δ＞20%或有不均匀热像	DL/T 664—2016《带电设备红外诊断应用规范》附录I中表I.1电压致热型设备缺陷诊断判据：伞裙局部区域过热，温差为0.5～1K，采用相对温差判别即δ＞20%或有不均匀热像	运维责任	严重缺陷	建议及时处缺
			根部有整体性过热，温差为0.5～1K，采用相对温差判别即δ＞20%或有不均匀热像	DL/T 664—2016《带电设备红外诊断应用规范》附录I中表I.1电压致热型设备缺陷诊断判据：根部有整体性过热，温差为0.5～1K，采用相对温差判别即δ＞20%或有不均匀热像	运维责任	严重缺陷	建议及时处缺
			超声波及声学成像仪检测户外电缆终端与弓子线连接处有异常声音，最大数值在0～10dB	国网北京市电力公司《配电网运维规程》第D.4.2.3条中（1）劣化程度在0dB～10dB间为"一般缺陷"：被检测设备继续运行，等级为绿色	运维责任	一般缺陷	被检测设备继续运行
			超声波及声学成像仪检测户外电缆终端与弓子线连接处有异常声音，最大数值在11～30dB	国网北京市电力公司《配电网运维规程》第D.4.2.3条中（2）劣化程度在11dB～30dB间为"严重缺陷"：被检测设备需要加强监控，6个月内还需进行检测，看缺陷程度是否有发展趋势，若有发展，则需要进行检修或更换，等级黄色	运维责任	严重缺陷	被检测设备需要加强监控，6个月内还需进行检测，看缺陷程度是否有发展趋势，若有发展，则需要进行检修或更换
			超声波及声学成像仪检测户外电缆终端与弓子线连接处有异常声音，最大数值在31dB以上	国网北京市电力公司《配电网运维规程》第D.4.2.3条中（3）劣化程度在31dB以上为"危急缺陷"：被检测设备需要近期进行检修或者更换，等级为红色	运维责任	危急缺陷	被检测设备需要近期进行检修或者更换

续表

设备类别	设备部件	缺陷部位	缺陷内容	参考依据／标准	缺陷类别	缺陷等级	检修策略
架空线路	户外电缆	电缆护管	电缆保护管未封堵	国网北京市电力公司《配电网运维规程》第 7.3.3 条中（9）电缆上杆部分保护管及其封口是否完整	施工质量	一般缺陷	建议及时处缺
			上杆电缆本体未加保护管	国网北京市电力公司《配电网运维规程》第 7.3.3 条中（9）电缆上杆部分保护管及其封口是否完整	施工质量	一般缺陷	建议及时处缺
			上杆电缆护管缺少一道固定抱箍	国网北京市电力公司《配电网施工工艺及验收规范》第 6.3.4.3 条中（4）−5）电缆上杆时，应以抱箍方式固定保护管（角钢）及保护管外电缆；电缆保护管（角钢）上应安装 2 处抱箍，间隔为 1500mm，电缆本体上应安装若干抱箍，间隔不大于 700mm	施工质量	一般缺陷	建议及时处缺
			电缆保护管损坏	国网北京市电力公司《配电网运维规程》第 7.3.3 条中（9）电缆上杆部分保护管及其封口是否完整	运维责任	一般缺陷	建议及时处缺
			电缆保护管抱箍损坏	国网北京市电力公司《配电网施工工艺及验收规范》第 6.3.4.3 条中（4）−5）电缆上杆时，应以抱箍方式固定保护管（角钢）及保护管外电缆	运维责任	一般缺陷	建议及时处缺
柱上开关	套管或接头	套管或接头	柱上开关套管轻度污秽，但表面无明显放电痕迹	Q/GDW 745—2012《配电网设备缺陷分类标准》中表 B.3 柱上 SF$_6$ 开关设备缺陷库"一般缺陷：套管轻度污秽，但表面无明显放电痕迹"	运维责任	一般缺陷	建议结合年、季检修计划或日常维护工作进行处缺

设备类别	设备部件	缺陷部位	缺陷内容	参考依据/标准	缺陷类别	缺陷等级	检修策略
柱上开关	套管或接头	套管或接头	柱上开关套管中度污秽，有明显放电痕迹	Q/GDW 745—2012《配电网设备缺陷分类标准》中表B.3柱上SF$_6$开关设备缺陷库"严重缺陷：套管中度污秽，有明显放电痕迹"	运维责任	严重缺陷	建议及时处缺
			柱上开关套管重度污秽，表面有严重放电痕迹	Q/GDW 745—2012《配电网设备缺陷分类标准》中表B.3柱上SF$_6$开关设备缺陷库"危急缺陷：套管重度污秽，表面有严重放电痕迹"	运维责任	危急缺陷	建议立即处缺
			柱上开关套管上搭挂异物	国网北京市电力公司《配电网运维规程》第7.2.2条中（7）杆塔周围有无危及安全的鸟窝、风筝及杂物	运维责任	一般缺陷	建议及时处缺
			柱上开关套管或瓷头与弓子线连接处温度异常，δ（相对温差）$\geq$35%但热点温度未达到严重缺陷温度值	DL/T 664—2016《带电设备红外诊断应用规范》附录H中表H.1电流致热型设备缺陷诊断判据："一般缺陷：电气设备与金属部件的连接处δ（相对温差）$\geq$35%但热点温度未达到严重缺陷温度值"	运维责任	一般缺陷	建议重点关注，结合年、季检修计划或日常维护工作进行处缺
			柱上开关套管或瓷头与弓子线连接处温度异常，80℃$\leq$热点温度$\leq$110℃，或δ（相对温差）$\geq$80%但热点温度未达紧急缺陷温度值	DL/T 664—2016《带电设备红外诊断应用规范》附录H中表H.1电流致热型设备缺陷诊断判据："严重缺陷：80℃$\leq$电气设备与金属部件的连接处热点温度$\leq$110℃，或δ（相对温差）$\geq$80%但热点温度未达紧急缺陷温度值"	运维责任	严重缺陷	建议及时处缺

设备类别	设备部件	缺陷部位	缺陷内容	参考依据 / 标准	缺陷类别	缺陷等级	检修策略
柱上开关	套管或接头	套管或接头	柱上开关套管或瓷头与弓子线连接处温度异常，热点温度＞110℃，或 δ（相对温差）≥95% 且热点温度＞80℃	DL/T 664—2016《带电设备红外诊断应用规范》附录 H 中表 H.1 电流致热型设备缺陷诊断判据："危急缺陷：电气设备与金属部件的连接处热点温度＞110℃，或 δ（相对温差）≥95% 且热点温度＞80℃"	运维责任	危急缺陷	建议立即处缺
			柱上开关套管有裂纹（撕裂）或破损	Q/GDW 745—2012《配电网设备缺陷分类标准》第 4.2.1 条中 b）–1）有裂纹（撕裂）或破损	设备本体	严重缺陷	建议重点关注并及时处缺
			柱上开关瓷套管与引线连接处存在裂口	国网北京市电力公司《配电网运维规程》第 7.4.1 条中（2）套管有无破损、裂纹和严重污染或放电闪络的痕迹	设备本体	严重缺陷	建议重点关注并及时处缺
	开关本体	开关本体	柱上开关瓷头未加护罩	国网北京市电力公司《配电网施工工艺及验收规范》第 6.2.9.2 条中（1）–3）开关引线与隔离开关或电缆接头连接应使用设备接线端子，与线路主导线连接应使用弹射楔形线夹，连接前开关引线应涮锡，连接应牢固，当线路为绝缘线时应进行绝缘处理	施工质量	一般缺陷	建议结合年、季检修计划或日常维护工作进行处缺
			柱上开关刀闸未加护罩	国网北京市电力公司《配电网施工工艺及验收规范》第 6.2.9.2 条中（1）–3）开关引线与隔离开关或电缆接头连接应使用设备接线端子，与线路主导线连接应使用弹射楔形线夹，连接前开关引线应涮锡，连接应牢固，当线路为绝缘线时应进行绝缘处理	施工质量	一般缺陷	建议结合年、季检修计划或日常维护工作进行处缺

设备类别	设备部件	缺陷部位	缺陷内容	参考依据/标准	缺陷类别	缺陷等级	检修策略
柱上开关	开关本体	开关本体	柱上开关外壳未接地	国网北京市电力公司《配电网施工工艺及验收规范》第6.2.10.2条中（1）–3）柱上开关外壳必须有良好的接地	施工质量	一般缺陷	建议结合年、季检修计划或日常维护工作进行处缺
			柱上开关杆未有效接地	国网北京市电力公司《配电网施工工艺及验收规范》第6.2.10.2条中（9）10kV线路设备保护及防雷接地在电杆上部、中部与内嵌接地螺母连接；接地钎子在电杆底部与内嵌接地螺母连接	施工质量	一般缺陷	建议结合年、季检修计划或日常维护工作进行处缺
			柱上开关杆未安装避雷器	Q/GDW 10813—2023《10kV架空绝缘线路防雷技术规范》第4.2.12条：柱上开关应在电源侧装设一组无间隙避雷器，但联络开关、分段开关等经常开路运行且带电的柱上开关，应在开关两侧分别装设一组无间隙避雷器。避雷器接地端应与柱上开关的金属外壳相连并接地，接地装置的工频接地电阻不应超过10Ω	施工质量	严重缺陷	建议及时处缺
			避雷器选型不正确（柱上开关杆选用外间隙避雷器）	Q/GDW 10813—2023《10kV架空绝缘线路防雷技术规范》第4.2.12条：柱上开关应在电源侧装设一组无间隙避雷器	设计缺陷	一般缺陷	建议结合年、季检修计划或日常维护工作进行处缺

续表

设备类别	设备部件	缺陷部位	缺陷内容	参考依据 / 标准	缺陷类别	缺陷等级	检修策略
柱上开关	开关本体	开关本体	柱上联络开关两侧均未安装避雷器 / 仅一侧安装避雷器	Q / GDW 10813—2023《10kV 架空绝缘线路防雷技术规范》第 4.2.12 条：柱上开关应在电源侧装设一组无间隙避雷器，但联络开关、分段开关等经常开路运行且带电的柱上开关，应在开关两侧分别装设一组无间隙避雷器。避雷器接地端应与柱上开关的金属外壳相连并接地，接地装置的工频接地电阻不应超过 10Ω	施工质量	一般缺陷	建议结合年、季检修计划或日常维护工作进行处缺
			避雷器接地引线未直接与柱上开关金属外壳接地引线连接后接地，避雷器保护失效	Q / GDW 10813—2023《10kV 架空绝缘线路防雷技术导则》第 4.2.12 条：柱上开关应在电源侧装设一组无间隙避雷器，但联络开关、分段开关等经常开路运行且带电的柱上开关，应在开关两侧分别装设一组无间隙避雷器。避雷器接地端应与柱上开关的金属外壳相连并接地，接地装置的工频接地电阻不应超过 10Ω	施工质量	一般缺陷	建议及时处缺
			柱上开关引线及避雷器上引线均压接在主导线上，未按要求压接在尾线处	《国网北京市电力公司配电网工程典型设计　线路分册　2016 年版》图 10-2 耐张柱上真空断路器混凝土电杆（自动化无熔断器）安装图（NK2-15-Ⅰ）	施工质量	一般缺陷	建议结合年、季检修计划或日常维护工作进行处缺
			柱上开关分合闸操作面及指示面未朝向道路侧，不便于后期观察及操作	国网北京市电力公司《配电网施工工艺及验收规范》第 6.2.9.2 条中（1）-6）开关分合闸操作面及指示面应朝向道路侧	施工质量	一般缺陷	建议结合年、季检修计划或日常维护工作进行处缺
			柱上开关外壳有锈蚀现象	国网北京市电力公司《配电网运维规程》第 7.4.1 条中（1）柱上开关外壳有无锈蚀现象	运维责任	一般缺陷	建议结合年、季检修计划或日常维护工作进行处缺

设备类别	设备部件	缺陷部位	缺陷内容	参考依据／标准	缺陷类别	缺陷等级	检修策略
柱上开关	开关本体	开关本体	柱上开关本体污秽	Q/GDW 745—2012《配电网设备缺陷分类标准》第 4.2.2 条中 c）–2）污秽较为严重	运维责任	一般缺陷	建议结合年、季检修计划或日常维护工作进行处缺
			柱上开关上存在异物	国网北京市电力公司《配电网运维规程》第 7.2.2 条中（7）杆塔周围有无危及安全的鸟窝、风筝及杂物	运维责任	一般缺陷	建议及时处缺
			柱上开关刀闸处搭挂异物	国网北京市电力公司《配电网运维规程》第 7.2.2 条中（7）杆塔周围有无危及安全的鸟窝、风筝及杂物	运维责任	一般缺陷	建议及时处缺
			超声波及声学成像仪检测柱上开关有异常声音，最大数值在 0～10dB	国网北京市电力公司《配电网运维规程》第 D.4.2.3 条中（1）劣化程度在 0dB～10dB 间为"一般缺陷"：被检测设备继续运行，等级为绿色	运维责任	一般缺陷	被检测设备继续运行
			超声波及声学成像仪检测柱上开关有异常声音，最大数值在 11～30dB	国网北京市电力公司《配电网运维规程》第 D.4.2.3 条中（2）劣化程度在 11dB～30dB 间为"严重缺陷"：被检测设备需要加强监控，6 个月内还需进行检测，看缺陷程度是否有发展趋势，若有发展，则需要进行检修或更换，等级黄色	运维责任	严重缺陷	被检测设备需要加强监控，6 个月内还需进行检测，看缺陷程度是否有发展趋势，若有发展，则需要进行检修或更换
			超声波及声学成像仪检测柱上开关有异常声音，最大数值在 31dB 以上	国网北京市电力公司《配电网运维规程》第 D.4.2.3 条中（3）劣化程度在 31dB 以上为"危急缺陷"：被检测设备需要近期进行检修或者更换，等级为红色	运维责任	危急缺陷	被检测设备需要近期进行检修或者更换

续表

设备类别	设备部件	缺陷部位	缺陷内容	参考依据／标准	缺陷类别	缺陷等级	检修策略
柱上开关	开关本体	开关本体	柱上开关存在漏气受潮迹象	网北京市电力公司《国配电网施工工艺及验收规范》第6.2.9.2条中（1）–1）柱上开关外观整洁，瓷套管擦拭干净，部件齐全，无损伤	设备本体	严重缺陷	建议重点关注并及时处缺
			柱上开关外壳底部存在贯穿性裂纹	国网北京市电力公司《配电网施工工艺及验收规范》第5.3.4.2条：柱上开关箱体无漆层剥落、锈蚀、损伤现象	设备本体	严重缺陷	建议重点关注并及时处缺
	操动动构	操动动构	柱上开关操作大杆碰触悬式绝缘子	国网北京市电力公司《配电网施工工艺及验收规范》6.2.9.3–（3）避免操作杆碰触悬式绝缘子	施工质量	一般缺陷	建议结合年、季检修计划或日常维护工作进行处缺
			柱上分界负荷开关操作杆未在"储能"位置，且FTU有报警声，开关未发挥自动化功能	国网北京市电力公司《配电网施工工艺及验收规范》第6.2.9.3条中（4）送电时将操作大杆右侧拉下使分界负荷开关合闸；再将操作大杆左侧拉下使分界负荷开关储能（使分闸弹簧储能，预备隔离故障自动分闸）	施工质量	严重缺陷	建议及时处缺
			柱上负荷开关操作杆未在"自动"位置	京电运检〔2014〕56号《配电自动化建设改造指导意见的通知》第4.4.2条中（2）柱上开关均采用馈线终端实现"三遥"；（4）柱上开关具备电动操作功能但其控制器不具备通信功能的，通过升级或更换具备通信功能的控制器解决其自动化功能	运维责任	一般缺陷	建议立即处缺
			柱上开关操动机构存在漏气受潮迹象	国网北京市电力公司《配电网施工工艺及验收规范》第6.2.9.2条中（1）–1）柱上开关外观整洁，瓷套管擦拭干净，部件齐全，无损伤	设备本体	严重缺陷	建议重点关注并及时处缺

续表

设备类别	设备部件	缺陷部位	缺陷内容	参考依据/标准	缺陷类别	缺陷等级	检修策略
柱上开关	自动化终端	自动化终端	柱上开关自动化终端（FTU）安装高度不足5.5m	国网北京市电力公司《配电网施工工艺及验收规范》第6.2.9.2条中（2）-1）-i）道路两侧的馈线终端宜安装在靠近道路侧，按馈线终端底部距离地面5.5m的高度安装固定。通信箱宜安装在馈线终端同侧上方，按通信箱底部距离馈线终端500mm的高度安装固定	施工质量	一般缺陷	建议立即处缺
			柱上开关自动化终端（FTU）未安装接地线	国网北京市电力公司《配电网施工工艺及验收规范》第6.2.9.2条中（2）-1）-d）馈线终端外壳应可靠接地	施工质量	一般缺陷	建议立即处缺
			柱上开关自动化终端（FTU）歪斜	国网北京市电力公司《配电网施工工艺及验收规范》第6.2.9.2条中（2）-1）-c）馈线终端竖直正立安装，垂直度偏差小于等于1%	施工质量	一般缺陷	建议立即处缺
			柱上开关自动化终端（FTU）内存在异物	国网北京市电力公司《配电网运维规程》第7.12.3条（1）检查FTU外观情况	运维责任	一般缺陷	建议立即处缺
			柱上开关自动化终端（FTU）存在告警信号	国网北京市电力公司《配电网运维规程》第7.12.3条中（3）检查FTU故障指示灯显示状态是否异常	运维责任	严重缺陷	建议立即处缺
	铁件、金具	线夹	柱上开关引线、避雷器上引线与主导线连接处安普线夹未进行绝缘处理，未加装绝缘罩	国网北京市电力公司《配电网施工工艺及验收规范》第6.2.9.2条中（1）-3）开关引线与隔离开关或电缆头连接应使用设备接线端子，与线路主导线连接应使用弹射楔形线夹，连接前开关引线端头应涮锡，连接应牢固，当线路为绝缘线时应进行绝缘处理	施工质量	一般缺陷	建议结合年、季检修计划或日常维护工作进行处缺

续表

设备类别	设备部件	缺陷部位	缺陷内容	参考依据/标准	缺陷类别	缺陷等级	检修策略
柱上开关	铁件、金具	线夹	柱上开关引线与主导线连接处线夹温度异常，线夹处 δ（相对温差）≥35% 但热点温度未达到严重缺陷温度值	DL/T 664—2016《带电设备红外诊断应用规范》附录 H 中表 H.1 电流致热型设备缺陷诊断判据："一般缺陷：线夹处 δ（相对温差）≥35% 但热点温度未达到严重缺陷温度值"	运维责任	一般缺陷	建议重点关注，结合年、季检修计划或日常维护工作进行处缺
			柱上开关引线与主导线连接处线夹温度异常，90℃≤线夹处热点温度≤130℃，或 δ（相对温差）≥80% 但热点温度未达紧急缺陷温度值	DL/T 664—2016《带电设备红外诊断应用规范》附录 H 中表 H.1 电流致热型设备缺陷诊断判据："严重缺陷：90℃≤线夹处热点温度≤130℃，或 δ（相对温差）≥80% 但热点温度未达紧急缺陷温度值"	运维责任	严重缺陷	建议及时处缺
			柱上开关引线与主导线连接处线夹温度异常，线夹处热点温度>130℃，或 δ（相对温差）≥95% 且热点温度>90℃	DL/T 664—2016《D 带电设备红外诊断应用规范》附录 H 中表 H.1 电流致热型设备缺陷诊断判据："危急缺陷：线夹处热点温度>130℃，或 δ（相对温差）≥95% 且热点温度>90℃"	运维责任	危急缺陷	建议立即处缺
		横担	柱上开关横担歪斜	国网北京市电力公司《配电网运维规程》第 7.4.1 条中（3）开关的固定是否牢固、是否下倾，支架是否歪斜、松动	施工质量	一般缺陷	建议重点关注，结合年、季检修计划或日常维护工作进行处缺
		螺栓	柱上开关支架安装长孔未加装平垫圈	国网北京市电力公司《配电网施工工艺及验收规范》第 6.2.4.12 条中（3）长孔必须加平垫圈（含变台），每端不超过两个，不得在螺栓上缠绕铁线代替垫圈	施工质量	一般缺陷	建议结合年、季检修计划或日常维护工作进行处缺

设备类别	设备部件	缺陷部位	缺陷内容	参考依据/标准	缺陷类别	缺陷等级	检修策略
柱上开关	铁件、金具	螺栓	开关吊装架背板未采用双螺母固定	国网北京市电力公司《配电网施工工艺及验收规范》第6.2.9.2条中（1）-2）VSP5型负荷开关采用吊装式，吊装架所用材料为加强型，角担距杆顶300mm，角担水平倾斜不大于角担长度的1/100，开关吊装架固定螺栓应带双母，安装应牢固	施工质量	一般缺陷	建议结合年、季检修计划或日常维护工作进行处缺
			柱上开关支架安装受拉力的螺栓未加双螺母	国网北京市电力公司《配电网施工工艺及验收规范》第6.2.4.12条中（2）受拉力的螺栓应带双螺母	施工质量	一般缺陷	建议结合年、季检修计划或日常维护工作进行处缺
	电压互感器	电压互感器	电压互感器（TV）引线端子未采用自固化防水绝缘包材或加装绝缘罩进行绝缘处理	京电运检〔2016〕67号《10千伏架空线路柱上断路器建设运维相关补充条款说明》第4.2.3条中（5）电压互感器端子处的导体裸露点，应采用自固化防水绝缘包材或绝缘护罩予以绝缘处理	施工质量	一般缺陷	建议结合年、季检修计划或日常维护工作进行处缺
			电压互感器（TV）二次控制线与金具交错，未采取防短路绝缘包缠	国网北京市电力公司《配电网施工工艺及验收规范》第6.2.9.2条中（2）-1）-k）TV采取有效的绝缘措施，防止蓄电池等交直流电源设备短路；1）严格查TV二次接线，防止短路	施工质量	一般缺陷	建议结合年、季检修计划或日常维护工作进行处缺
			三相五柱电压互感器（TV）高压N未接地，TV未起到消谐和监测功能	三相五柱式TV高压N相与二次接地线应分开单独接地，在系统发生单相接地的情况下易因接地不良导致TV烧毁	施工质量	严重缺陷	建议及时处缺

续表

设备类别	设备部件	缺陷部位	缺陷内容	参考依据 / 标准	缺陷类别	缺陷等级	检修策略
柱上开关	电压互感器	电压互感器	三相五柱电压互感器（TV）高压 N 相与二次接地线应分开单独接地	三相五柱式 TV 高压 N 相与二次接地线应分开单独接地，在系统发生单相接地的情况下易因接地不良导致 TV 烧毁	施工质量	严重缺陷	建议及时处缺
			电压互感器（TV）横担上存在鸟窝	国网北京市电力公司《配电网运维规程》第 7.2.2 条中（7）杆塔周围有无危及安全的鸟窝、风筝及杂物	运维责任	一般缺陷	建议及时处缺
			电压互感器（TV）引线端子绝缘罩脱落	京电运检〔2016〕67 号《10 千伏架空线路柱上断路器建设运维相关补充条款说明》第 4.2.3 条中（5）电压互感器端子处的导体裸露点，应采用自固化防水绝缘包材或绝缘护罩予以绝缘处理	运维责任	一般缺陷	建议结合年、季检修计划或日常维护工作进行处缺
			电压互感器（TV）套管外护套存在缺口	国网北京市电力公司《配电网施工工艺及验收规范》第 6.2.9.2 条中（2）-2）-a）电压互感器本体及套管完好	运维责任	一般缺陷	建议结合年、季检修计划或日常维护工作进行处缺
			电压互感器（TV）套管上端接口处开裂	国网北京市电力公司《配电网施工工艺及验收规范》第 6.2.9.2 条中（2）-2）-a）电压互感器本体及套管完好	运维责任	严重缺陷	建议及时处缺
			电压互感器（TV）套管歪斜	国网北京市电力公司《配电网施工工艺及验收规范》第 6.2.9.2 条中（2）-2）-a）电压互感器本体及套管完好	运维责任	严重缺陷	建议及时处缺
			电压互感器（TV）套管脱落	国网北京市电力公司《配电网施工工艺及验收规范》第 6.2.9.2 条中（2）-2）-a）电压互感器本体及套管完好	运维责任	危急缺陷	建议立即处缺

设备类别	设备部件	缺陷部位	缺陷内容	参考依据/标准	缺陷类别	缺陷等级	检修策略
柱上开关	电压互感器	电压互感器	电压互感器（TV）引线有烧蚀痕迹	国网北京市电力公司《配电网运维规程》第 7.2.4 条中（1）导线有无烧伤痕迹	运维责任	严重缺陷	建议及时处缺
			电压互感器（TV）引线开断	国网北京市电力公司《配电网运维规程》第 7.4.1 条中（4）各个电气连接点连接是否可靠	运维责任	危急缺陷	建议立即处缺
			电压互感器（TV）套管顶部柱头温度异常，δ（相对温差）$\geq 35\%$ 但热点温度未达到严重缺陷温度值	DL/T 664—2016《带电设备红外诊断应用规范》附录 H 中表 H.1 电流致热型设备缺陷诊断判据："一般缺陷：δ（相对温差）$\geq 35\%$ 但热点温度未达到严重缺陷温度值"	运维责任	一般缺陷	建议重点关注，结合年、季检修计划或日常维护工作进行处缺
			电压互感器（TV）套管顶部柱头温度异常，$55° \leq$ 热点温度 $\leq 80\,℃$，或者 δ（相对温差）$\geq 80\%$ 但热点温度未达紧急缺陷温度值	DL/T 664—2016《带电设备红外诊断应用规范》附录 H 中表 H.1 电流致热型设备缺陷诊断判据："严重缺陷：$55° \leq$ 热点温度 $\leq 80℃$，或者 δ（相对温差）$\geq 80\%$ 但热点温度未达紧急缺陷温度值"	运维责任	严重缺陷	建议及时处缺
			电压互感器（TV）套管顶部柱头温度异常，热点温度 $> 80\,℃$，或者 δ（相对温差）$\geq 95\%$ 且热点温度 $> 55°$	DL/T 664—2016《带电设备红外诊断应用规范》附录 H 中表 H.1 电流致热型设备缺陷诊断判据："危急缺陷：热点温度 $> 80℃$，或者 δ（相对温差）$\geq 95\%$ 且热点温度 $> 55°$"	运维责任	危急缺陷	建议立即处缺
			超声波及声学成像仪检测电压互感器（TV）有异常声音，最大数值在 $0 \sim 10\mathrm{dB}$	国网北京市电力公司《配电网运维规程》第 D.4.2.3 条中（1）劣化程度在 0dB～10dB 间为"一般缺陷"：被检测设备继续运行，等级为绿色	运维责任	一般缺陷	被检测设备继续运行

设备类别	设备部件	缺陷部位	缺陷内容	参考依据 / 标准	缺陷类别	缺陷等级	检修策略
柱上开关	电压互感器	电压互感器	超声波及声学成像仪检测电压互感器（TV）有异常声音，最大数值在 11 ~ 30dB	国网北京市电力公司《配电网运维规程》第 D.4.2.3 条中（2）劣化程度在 11dB ~ 30dB 间为"严重缺陷"：被检测设备需要加强监控，6 个月内还需进行检测，看缺陷程度是否有发展趋势，若有发展，则需要进行检修或更换，等级黄色	运维责任	严重缺陷	被检测设备需要加强监控，6 个月内还需进行检测，看缺陷程度是否有发展趋势，若有发展，则需要进行检修或更换
			超声波及声学成像仪检测电压互感器（TV）有异常声音，最大数值在 31dB 以上	国网北京市电力公司《配电网运维规程》第 D.4.2.3 条中（3）劣化程度在 31dB 以上为"危急缺陷"：被检测设备需要近期进行检修或者更换，等级为红色	运维责任	危急缺陷	被检测设备需要近期进行检修或者更换
	隔离开关	支持绝缘子	隔离开关支持绝缘子轻度污秽，但表面无明显放电痕迹	Q/GDW 745—2012《配电网设备缺陷分类标准》中表 B.4 柱上隔离开关设备缺陷库"一般缺陷：轻度污秽，但表面无明显放电痕迹"	运维责任	一般缺陷	建议结合年、季检修计划或日常维护工作进行处缺
			隔离开关支持绝缘子中度污秽，有明显放电痕迹	Q/GDW 745—2012《配电网设备缺陷分类标准》中表 B.4 柱上隔离开关设备缺陷库"严重缺陷：中度污秽，有明显放电痕迹"	运维责任	严重缺陷	建议及时处缺
			隔离开关支持绝缘子重度污秽，表面有严重放电痕迹	Q/GDW 745—2012《配电网设备缺陷分类标准》中表 B.4 柱上隔离开关设备缺陷库"危急缺陷：重度污秽，表面有严重放电痕迹"	运维责任	危急缺陷	建议立即处缺
			隔离开关支持绝缘子有裂纹（撕裂）或破损	Q/GDW 745—2012《配电网设备缺陷分类标准》中表 B.4 柱上隔离开关设备缺陷库"严重缺陷：支持绝缘子外壳有裂纹（撕裂）或破损"	设备本体	严重缺陷	建议结合年、季检修计划或日常维护工作进行处缺

设备类别	设备部件	缺陷部位	缺陷内容	参考依据/标准	缺陷类别	缺陷等级	检修策略
柱上开关	隔离开关	隔离开关本体	隔离开关未加护罩	国网北京市电力公司《配电网运维规程》第7.1.11.3条中（8）刀闸护罩是否完好	施工质量	一般缺陷	建议结合年、季检修计划或日常维护工作进行处缺
			隔离开关护罩缺失	国网北京市电力公司《配电网运维规程》第7.1.11.3条中（8）刀闸护罩是否完好	运维责任	一般缺陷	建议结合年、季检修计划或日常维护工作进行处缺
			隔离开关护罩开裂	国网北京市电力公司《配电网运维规程》第7.1.11.3条中（8）刀闸护罩是否完好	运维责任	一般缺陷	建议结合年、季检修计划或日常维护工作进行处缺
			隔离开关上存在鸟窝	国网北京市电力公司《配电网运维规程》第7.2.2条中（7）杆塔周围有无危及安全的鸟窝、风筝及杂物	运维责任	一般缺陷	建议及时处缺
			隔离开关本体温度异常，δ（相对温差）$\geqslant 35\%$ 但热点温度未达到严重缺陷温度值	DL/T 664—2016《带电设备红外诊断应用规范》附录H中表H.1 电流致热型设备缺陷诊断判据："一般缺陷：隔离开关处 δ（相对温差）$\geqslant 35\%$ 但热点温度未达到严重缺陷温度值"	运维责任	一般缺陷	建议重点关注，结合年、季检修计划或日常维护工作进行处缺
			隔离开关本体温度异常，$90\,^{\circ}\!C \leqslant$ 热点温度 $\leqslant 130\,^{\circ}\!C$，或 δ（相对温差）$\geqslant 80\%$ 但热点温度未达紧急缺陷温度值	DL/T 664—2016《带电设备红外诊断应用规范》附录H中表H.1 电流致热型设备缺陷诊断判据："严重缺陷：$90\,^{\circ}\!C \leqslant$ 隔离开关处热点温度 $\leqslant 130\,^{\circ}\!C$，或 δ（相对温差）$\geqslant 80\%$ 但热点温度未达紧急缺陷温度值"	运维责任	严重缺陷	建议及时处缺

续表

设备类别	设备部件	缺陷部位	缺陷内容	参考依据/标准	缺陷类别	缺陷等级	检修策略
柱上开关	隔离开关	隔离开关本体	隔离开关本体温度异常，热点温度＞130℃，或δ（相对温差）≥95%且热点温度＞90℃	DL/T 664—2016《带电设备红外诊断应用规范》附录 H 中表 H.1 电流致热型设备缺陷诊断判据："危急缺陷：隔离开关处热点温度＞130℃，或δ（相对温差）≥95%且热点温度＞90℃"	运维责任	危急缺陷	建议立即处缺
	标识	标识	柱上开关无调度号	国网北京市电力公司《配电网施工工艺及验收规范》第6.5.2.5条：柱上负荷开关需安装开关调度号牌	施工质量	一般缺陷	建议及时处缺
	控制电缆	控制电缆	柱上开关控制电缆未按要求制作回弯并与开关底部槽钢进行固定，航空插头受力	国网北京市电力公司《配电网施工工艺及验收规范》第6.2.9.2条中（2）–1）–m）控制电缆及二次回路整线对线时要注意察看电线表皮是否有破损，不得使用表皮破损的电线，每对完一根电线就应立即套上标有编号的号码管。控制电缆应有固定点，确保航空插头不受应力，引下线应有防水弯	施工质量	一般缺陷	建议结合年、季检修计划或日常维护工作进行处缺
			FTU 二次控制电缆两端未粘贴号码管，易造成控制信号混淆	国网北京市电力公司《配电网施工工艺及验收规范》第6.2.9.2条中（2）–1）–g）控制电缆按设计规范连接，不与原有一二次接线交错，控制电缆两端应整线对线，粘贴标识，接线要求可靠、整齐、美观	施工质量	一般缺陷	建议及时处缺
			柱上开关控制电缆安装护管后未使用抱箍进行间隔固定	国网北京市电力公司《配电网施工工艺及验收规范》第6.2.9.2条中（2）–1）–n）一次开关与馈线终端的控制电缆、TV 与馈线终端的控制电缆应穿管保护，并使用抱箍固定牢固	施工质量	一般缺陷	建议及时处缺

续表

设备类别	设备部件	缺陷部位	缺陷内容	参考依据/标准	缺陷类别	缺陷等级	检修策略
柱上开关	控制电缆	控制电缆	柱上开关二次控制电缆未加装半圆防踏护管	国网北京市电力公司《配电网施工工艺及验收规范》第6.2.9.2条中（2）-1）-n）一次开关与馈线终端的控制电缆、TV与馈线终端的控制电缆应穿管保护，并使用抱箍固定牢固	施工质量	一般缺陷	建议及时处缺
线路避雷器	本体	避雷器本体	线路末端杆未安装避雷器	国网北京市电力公司《配电网施工工艺及验收规范》第6.2.10.1条中（1）下列线路设备，必须装设无间隙避雷器-5）雷雨季节的10kV架空线路无负荷的末端	施工质量	一般缺陷	建议结合年、季检修计划或日常维护工作进行处缺
			避雷器本体破损	国网北京市电力公司《配电网运维规程》第7.11条中（1）避雷器本体及绝缘罩外观有无破损、开裂，有无闪络痕迹，表面是否脏污	运维责任	严重缺陷	建议及时处缺
			避雷器本体脱落	Q/GDW 745—2012《配电网设备缺陷分类标准》第4.6.1.1条中b）-4）本体或引线脱落	运维责任	严重缺陷	建议及时处缺
			避雷器伞裙皲裂	国网北京市电力公司《配电网运维规程》第7.11条中（1）避雷器本体及绝缘罩外观有无破损、开裂，有无闪络痕迹，表面是否脏污	运维责任	严重缺陷	建议及时处缺
			避雷器伞裙脏污	国网北京市电力公司《配电网运维规程》第7.11条中（1）避雷器本体及绝缘罩外观有无破损、开裂，有无闪络痕迹，表面是否脏污	运维责任	一般缺陷	建议结合年、季检修计划或日常维护工作进行处缺
			避雷器缺失	国网北京市电力公司《配电网施工工艺及验收规范》第6.2.9.6条中（3）-1）避雷器接地端（无导线端）固定在避雷器安装板一侧，将避雷器固定牢固	运维责任	一般缺陷	建议结合年、季检修计划或日常维护工作进行处缺

续表

设备类别	设备部件	缺陷部位	缺陷内容	参考依据/标准	缺陷类别	缺陷等级	检修策略
线路避雷器	本体	避雷器本体	环形外间隙避雷器、老式阀型避雷器、防雷穿刺线夹未更换	京电运检〔2016〕68号《国网北京市电力公司"煤改电"建设改造技术细则》第4.1.4.10条：结合建设改造淘汰非复合外套氧化锌避雷器、防雷穿刺线夹、环形间隙避雷器。架空线路应安装固定外间隙复合外套氧化锌避雷器，柱上变压器、开关、电缆终端头等设备应安装无间隙复合外套氧化锌避雷器。避雷器应采用上引线与本体一体化结构型式	运维责任	一般缺陷	建议结合年、季检修计划或日常维护工作进行处缺
			超声波及声学成像仪检测避雷器处有异常声音，且避雷器表面有放电痕迹	Q/GDW 745—2012《配电网设备缺陷分类标准》中表B.6金属氧化物避雷器设备缺陷库"一般缺陷：本体轻度污秽，但表面无明显放电；严重缺陷：本体中度污秽，有明显放电；严重缺陷：本体重度污秽，表面有严重放电痕迹"	运维责任	严重缺陷	建议及时处缺
			超声波及声学成像仪检测避雷器处有异常声音，最大数值在0～10dB	国网北京市电力公司《配电网运维规程》第D.4.2.3条中（1）劣化程度在0dB～10dB间为"一般缺陷"：被检测设备继续运行，等级为绿色	运维责任	一般缺陷	被检测设备继续运行
			超声波及声学成像仪检测避雷器处有异常声音，最大数值在11～30dB	国网北京市电力公司《配电网运维规程》第D.4.2.3条中（2）劣化程度在11dB～30dB间为"严重缺陷"：被检测设备需要加强监控，6个月内还需进行检测，看缺陷程度是否有发展趋势，若有发展，则需要进行检修或更换，等级黄色	运维责任	严重缺陷	被检测设备需要加强监控，6个月内还需进行检测，看缺陷程度是否有发展趋势，若有发展，则需要进行检修或更换

设备类别	设备部件	缺陷部位	缺陷内容	参考依据/标准	缺陷类别	缺陷等级	检修策略
线路避雷器	本体	避雷器本体	超声波及声学成像仪检测避雷器处有异常声音，最大数值在31dB以上	国网北京市电力公司《配电网运维规程》第D.4.2.3条中（3）劣化程度在31dB以上为"危急缺陷"：被检测设备需要近期进行检修或者更换，等级为红色	运维责任	危急缺陷	被检测设备需要近期进行检修或者更换
			避雷器温度异常，电气连接处相间温差异常	Q/GDW 745—2012《配电网设备缺陷分类标准》中表B.6金属氧化物避雷器设备缺陷库"避雷器温度异常，电气连接处相间温差异常"	设备本体	严重缺陷	建议重点关注并及时处缺
			避雷器底座锈蚀	国网北京市电力公司《配电网运维规程》第7.11条中（3）避雷器支架是否歪斜，铁件有无锈蚀，固定是否牢固	设备本体	一般缺陷	建议结合年、季检修计划或日常维护工作进行处缺
			正常为整体轻微发热，分布均匀，较热点一般在靠近上部，多节组合从上到下各节温度递减，引起整体（或单节）发热或局部发热为异常	DL/T 664—2016《带电设备红外诊断应用规范》附录I中表I.1电压致热型设备缺陷诊断判据："正常为整体轻微发热，分布均匀，较热点一般在靠近上部，多节组合从上到下各节温度递减，引起整体（或单节）发热或局部发热为异常，温差为0.5～1K"	设备本体	严重缺陷	建议进行直流和交流试验
		棒型间隙避雷器	棒型间隙避雷器上端放电棒未与绝缘导线垂直	国网北京市电力公司《配电网施工工艺及验收规范》第6.2.9.6条中（2）-3）棒型间隙避雷器上端放电棒与绝缘导线成垂直状态，用55mm长的专用量尺在避雷器上方距侧确定开孔中心位置，使用专用掏孔器，将绝缘破口（6.5mm×12mm）	施工质量	一般缺陷	建议结合年、季检修计划或日常维护工作进行处缺

续表

设备类别	设备部件	缺陷部位	缺陷内容	参考依据 / 标准	缺陷类别	缺陷等级	检修策略
线路避雷器	本体	棒型间隙避雷器	棒型间隙避雷器上端放电棒与导线距离不足55mm	国网北京市电力公司《配电网施工工艺及验收规范》第6.2.9.6条中（2）-3）棒型间隙避雷器上端放电棒与绝缘导线成垂直状态，用55mm长的专用量尺在避雷器上方距侧确定开孔中心位置，使用专用掏孔器，将绝缘破口（6.5mm×12mm）	施工质量	一般缺陷	建议结合年、季检修计划或日常维护工作进行处缺
			棒型间隙避雷器上端放电棒对应导线处未开孔	国网北京市电力公司《配电网施工工艺及验收规范》第6.2.9.6条中（2）-3）棒型间隙避雷器上端放电棒与绝缘导线成垂直状态，用55mm长的专用量尺在避雷器上方距侧确定开孔中心位置，使用专用掏孔器，将绝缘破口（6.5mm×12mm）	施工质量	一般缺陷	建议结合年、季检修计划或日常维护工作进行处缺
			棒型间隙避雷器上端放电棒缺失	国网北京市电力公司《配电网施工工艺及验收规范》第6.2.9.6条中（2）-3）棒型间隙避雷器上端放电棒与绝缘导线成垂直状态，用55mm长的专用量尺在避雷器上方距侧确定开孔中心位置，使用专用掏孔器，将绝缘破口（6.5mm×12mm）	设备本体	一般缺陷	建议结合年、季检修计划或日常维护工作进行处缺
		外间隙避雷器	固定外间隙避雷器安装方向错误（间隙处易搭挂异物）	国网北京市电力公司《配电网施工工艺及验收规范》第6.2.9.6条中（3）边相避雷器采取吊装，中相避雷器向上安装	施工质量	一般缺陷	建议结合年、季检修计划或日常维护工作进行处缺
			外间隙避雷器两电极未对正	《国网北京市电力公司配电网工程典型设计　线路分册　2016年版》图7-1 直线混凝土电杆安装图（Z1-15-Ⅰ）	施工质量	一般缺陷	建议结合年、季检修计划或日常维护工作进行处缺

设备类别	设备部件	缺陷部位	缺陷内容	参考依据／标准	缺陷类别	缺陷等级	检修策略
线路避雷器	本体	外间隙避雷器	固定外间隙避雷器间隙附近搭挂树枝，易造成放电	国网北京市电力公司《配电网运维规程》第7.2.2条中（7）杆塔周围有无危及安全的鸟窝、风筝及杂物	运维责任	严重缺陷	建议及时处缺
	上引线	上引线	避雷器上引线与导线未采用安普线夹连接	国网北京市电力公司《配电网施工工艺及验收规范》第6.2.9.6条中（3）-4）剥除避雷器绝缘引线及绝缘弓子线的绝缘层50mm，将避雷器引线与弓子线用弹射楔形线夹固定，采用绝缘卷材恢复绝缘	施工质量	严重缺陷	建议结合年、季检修计划或日常维护工作进行处缺
			安普线夹压接不实致使避雷器上引线脱落	国网北京市电力公司《配电网施工工艺及验收规范》第6.2.9.6条中（1）-5）避雷器引线应短且直，连接牢固，不应使其承受外加应力	施工质量	严重缺陷	建议及时处缺
			避雷器上引线与本体连接处未缠绝缘	京电运检〔2015〕64号《配电网建设改造相关技术标准》第五条：绝缘线路线夹、避雷器接头、导线等裸露点采用硅橡胶材质的"自固化绝缘防水包材"进行包缠恢复绝缘	施工质量	一般缺陷	建议结合年、季检修计划或日常维护工作进行处缺
			避雷器上引线有受力影响	国网北京市电力公司《配电网施工工艺及验收规范》第6.2.9.6条中（1）-5）避雷器引线应短且直，连接牢固，不应使其承受外加应力	施工质量	一般缺陷	建议结合年、季检修计划或日常维护工作进行处缺
			避雷器上引线为裸线	国网北京市电力公司《配电网施工工艺及验收规范》中表C.10避雷器与接地安装分项工程质量检验评定表"10kV无间隙避雷器上引线要求：配置绝缘上引线，无存水可能"	施工质量	一般缺陷	建议结合年、季检修计划或日常维护工作进行处缺

续表

设备类别	设备部件	缺陷部位	缺陷内容	参考依据/标准	缺陷类别	缺陷等级	检修策略
线路避雷器	上引线	上引线	避雷器上引线存在接头且绝缘包缠不严对连接金具放电，超声波检测最大数值在 0～10dB	国网北京市电力公司《配电网运维规程》第 D.4.2.3 条中（1）劣化程度在 0dB～10dB 间为"一般缺陷"：被检测设备继续运行，等级为绿色	施工质量	一般缺陷	被检测设备继续运行
			避雷器上引线存在接头且绝缘包缠不严对连接金具放电，超声波检测最大数值在 11～30dB	国网北京市电力公司《配电网运维规程》第 D.4.2.3-（2）劣化程度在 11dB～30dB 间为"严重缺陷"：被检测设备需要加强监控，6 个月内还需进行检测，看缺陷程度是否有发展趋势，若有发展，则需要进行检修或更换，等级黄色	施工质量	严重缺陷	被检测设备需要加强监控，6 个月内还需进行检测，看缺陷程度是否有发展趋势，若有发展，则需要进行检修或更换
			避雷器上引线存在接头且绝缘包缠不严对连接金具放电，超声波检测最大数值在 31dB 以上	国网北京市电力公司《配电网运维规程》第 D.4.2.3 条中（3）劣化程度在 31dB 以上为"危急缺陷"：被检测设备需要近期进行检修或者更换，等级为红色	施工质量	危急缺陷	被检测设备需要近期进行检修或者更换
			避雷器上引线断裂	国网北京市电力公司《配电网运维规程》第 7.11 条中（2）避雷器上、下引线连接是否良好	运维责任	严重缺陷	建议及时处缺
			避雷器上引线有烧蚀痕迹	国网北京市电力公司《配电网运维规程》第 7.2.4 条中（1）导线有无烧伤痕迹	运维责任	严重缺陷	建议及时处缺
			避雷器上引线与主导线连接线夹温度异常，线夹处 δ（相对温差）$\geqslant 35\%$ 但热点温度未达到严重缺陷温度值，未达到重要缺陷的要求	DL/T 664—2016《带电设备红外诊断应用规范》附录 H 中表 H.1 电流致热型设备缺陷诊断判据："一般缺陷：线夹处 δ（相对温差）$\geqslant 35\%$ 但热点温度未达到严重缺陷温度值"	运维责任	一般缺陷	建议重点关注，结合年、季检修计划或日常维护工作进行处缺

续表

设备类别	设备部件	缺陷部位	缺陷内容	参考依据/标准	缺陷类别	缺陷等级	检修策略
线路避雷器	上引线	上引线	避雷器上引线与主导线连接线夹温度异常，90℃≤线夹处热点温度≤130℃，或δ（相对温差）≥80%但热点温度未达紧急缺陷温度值	DL/T 664—2016《带电设备红外诊断应用规范》附录H中表H.1 电流致热型设备缺陷诊断判据："严重缺陷：90℃≤线夹处热点温度≤130℃，或δ（相对温差）≥80%但热点温度未达紧急缺陷温度值"	运维责任	严重缺陷	建议及时处缺
			避雷器上引线与主导线连接线夹温度异常，线夹处热点温度>130℃，或δ（相对温差）≥95%且热点温度>90℃	DL/T 664—2016《带电设备红外诊断应用规范》附录H中表H.1 电流致热型设备缺陷诊断判据："危急缺陷：线夹处热点温度>130℃，或δ（相对温差）≥95%且热点温度>90℃"	运维责任	危急缺陷	建议立即处缺
			避雷器上引线与本体脱离	国网北京市电力公司《配电网运维规程》第7.1.11.4条中（1）避雷器外观是否良好，有无破损，上下引线连接是否可靠	设备本体	严重缺陷	建议及时处缺
			避雷器上引线与外护套间密封不严密	Q/GDW 11255—2014《配电网避雷器选型技术原则和检测技术规范》第5.1.8条：架空线路无间隙避雷器与绝缘线路连接，一般配置预制绝缘引线或配置绝缘罩防护。预制的绝缘引线或绝缘罩内不应积水，应避免积水对引线及接线端子的腐蚀	设备本体	严重缺陷	建议及时处缺
	接地端	接地端	避雷器接地端螺母松动/脱落	国网北京市电力公司《配电网施工工艺及验收规范》第6.2.9.6条中（3）-1）将避雷器接地端（无导线端）固定在避雷器安装板一侧，将避雷器固定牢固	施工质量	一般缺陷	建议结合年、季检修计划或日常维护工作进行处缺

续表

设备类别	设备部件	缺陷部位	缺陷内容	参考依据／标准	缺陷类别	缺陷等级	检修策略
线路避雷器	接地端	接地端	避雷器接地线压接于避雷器氧化锌底座与固定连板间，致使避雷器安装不稳固	国网北京市电力公司《配电网施工工艺及验收规范》第6.2.9.6 条中（1）-1 安装应牢固，排列整齐，高低一致	施工质量	一般缺陷	建议结合年、季检修计划或日常维护工作进行处缺
柱上变台（紧凑型变台）	柔性电缆	柔性电缆	柔性电缆扭曲受力，导致柔性电缆终端冷缩护套开裂，铜屏蔽外露	国网北京市电力公司《配电网施工工艺及验收规范》第6.2.9.1 条中（5）-3 引线架设应横平竖直，不应松弛扭曲，固定、连接应牢固	施工质量	严重缺陷	建议及时处缺
			柔性电缆扭曲受力	国网北京市电力公司《配电网施工工艺及验收规范》第6.2.9.1 条中（5）-3 引线架设应横平竖直，不应松弛扭曲，固定、连接应牢固	施工质量	严重缺陷	建议结合年、季检修计划或日常维护工作进行处缺
			柔性电缆伞裙安装方向不正确，未起到防雨、防污作用	国网北京市电力公司《配电网施工工艺及验收规范》第6.2.9.1 条中（5）-1 三相变台 10kV 引线均采用互绞电缆引线，互绞引线伞裙方向应正确，起到防雨、防污作用	施工质量	一般缺陷	建议结合年、季检修计划或日常维护工作进行处缺
			沿主杆敷设的 10kV 柔性电缆固定间距大于 1000mm	《国网北京市电力公司配电网工程典型设计 线路分册 2016 年版》图 14-4 紧凑型柱上变压器安装图（Ⅱ型配电箱熔断器低位安装）（BT4-15-Ⅰ）	施工质量	一般缺陷	建议及时处缺
			柔性电缆铜屏蔽接地线处于悬空状态，未可靠接地	国网北京市电力公司《配电网施工工艺及验收规范》第6.2.9.1 条中（5）-1 10kV 互绞电缆接地线从上部终端铜屏蔽层引出，应与接地线连接牢固	施工质量	严重缺陷	建议及时处缺

设备类别	设备部件	缺陷部位	缺陷内容	参考依据/标准	缺陷类别	缺陷等级	检修策略
柱上变台（紧凑型变台）	柔性电缆	柔性电缆	柔性电缆终端处存在烧蚀痕迹	国网北京市电力公司《配电网运维规程》第7.7.1条中（3）10kV互绞引线绞合是否自然，外绝缘有无破损，连接部位是否良好，有无过热、放电现象	运维责任	严重缺陷	建议及时处缺
			柔性电缆处存在异物	国网北京市电力公司《配电网运维规程》第7.2.2条中（7）杆塔周围有无藤蔓类攀岩植物和其他附着物，有无危及安全的鸟窝、风筝及杂物	运维责任	严重缺陷	建议及时处缺
			超声波及声学成像仪检测柔性电缆处有异常声音，最大数值在0～10dB	国网北京市电力公司《配电网运维规程》第D.4.2.3条中（1）劣化程度在0dB～10dB间为"一般缺陷"：被检测设备继续运行，等级为绿色	运维责任	一般缺陷	被检测设备继续运行
			超声波及声学成像仪检测柔性电缆处有异常声音，最大数值在11～30dB	国网北京市电力公司《配电网运维规程》第D.4.2.3条中（2）劣化程度在11dB～30dB间为"严重缺陷"：被检测设备需要加强监控，6个月内还需进行检测，看缺陷程度是否有发展趋势，若有发展，则需要进行检修或更换，等级黄色	运维责任	严重缺陷	被检测设备需要加强监控，6个月内还需进行检测，看缺陷程度是否有发展趋势，若有发展，则需要进行检修或更换
			超声波及声学成像仪检测柔性电缆处有异常声音，最大数值在31dB以上	国网北京市电力公司《配电网运维规程》第D.4.2.3条中（3）劣化程度在31dB以上为"危急缺陷"：被检测设备需要近期进行检修或者更换，等级为红色	运维责任	危急缺陷	被检测设备需要近期进行检修或者更换

续表

设备类别	设备部件	缺陷部位	缺陷内容	参考依据/标准	缺陷类别	缺陷等级	检修策略
柱上变台（紧凑型变台）	肘型电缆终端	肘型电缆终端	肘型头接地小辫未与变压器保护接地有效连接	国网北京市电力公司《配电网施工工艺及验收规范》第6.2.9.1条中（10）10kV中性点不接地或经消弧线圈接地系统的紧凑式变台，0.4kV侧中性点与副杆中部接地螺母连接，变压器外壳接地、避雷器横担接地、肘型插头屏蔽线接地线连在一起与主杆中部接地螺母连接，主副杆中部接地螺母之间使用绝缘引线连接。主副杆底部接地螺母分别与地线钎子连接	施工质量	严重缺陷	建议及时处缺
			肘型头端部防水密封不严密	国网北京市电力公司《配电网施工工艺及验收规范》第5.3.3.7条：变压器肘型电缆插头为全屏蔽方式，铜屏蔽层和外屏蔽层配置接地线，配置与变压器高压套管底座连接固定用的挂钩、横档和压板。肘型电缆插头应配置绝缘罩，密封严密，无进水现象	施工质量	严重缺陷	建议及时处缺
			变压器肘型电缆终端未安装到位（黄色定位标记环外露）	国网北京市电力公司《配电网运维规程》第7.7.1条中（2）肘型头与变压器套管插合是否严实	施工质量	严重缺陷	建议及时处缺
			变压器肘型电缆终端未按要求采用挂钩、横档和压板进行固定	国网北京市电力公司《配电网施工工艺及验收规范》第5.3.3.7条：变压器肘型电缆插头为全屏蔽方式，铜屏蔽层和外屏蔽层配置接地线，配置与变压器高压套管底座连接固定用的挂钩、横档和压板。肘型电缆插头应配置绝缘罩，密封严密，无进水现象	施工质量	一般缺陷	建议及时处缺

续表

设备类别	设备部件	缺陷部位	缺陷内容	参考依据/标准	缺陷类别	缺陷等级	检修策略
柱上变台（紧凑型变台）	肘型电缆终端	肘型电缆终端	肘型电缆终端存在烧蚀痕迹	国网北京市电力公司《配电网运维规程》第7.7.1条中（1）部件接头接触是否良好，有无过热变色、烧熔现象	运维责任	严重缺陷	建议及时处缺
			超声波及声学成像仪检测肘型电缆终端处有异常声音，最大数值在0～10dB	国网北京市电力公司《配电网运维规程》第D.4.2.3条中（1）劣化程度在0dB～10dB间为"一般缺陷"：被检测设备继续运行，等级为绿色	运维责任	一般缺陷	被检测设备继续运行
			超声波及声学成像仪检测肘型电缆终端处有异常声音，最大数值在11～30dB	国网北京市电力公司《配电网运维规程》第D.4.2.3条中（2）劣化程度在11dB～30dB间为"严重缺陷"：被检测设备需要加强监控，6个月内还需进行检测，看缺陷程度是否有发展趋势，若有发展，则需要进行检修或更换，等级黄色	运维责任	严重缺陷	被检测设备需要加强监控，6个月内还需进行检测，看缺陷程度是否有发展趋势，若有发展，则需要进行检修或更换
			超声波及声学成像仪检测肘型电缆终端处有异常声音，最大数值在31dB以上	国网北京市电力公司《配电网运维规程》第D.4.2.3条中（3）劣化程度在31dB以上为"危急缺陷"：被检测设备需要近期进行检修或者更换，等级为红色	运维责任	危急缺陷	被检测设备需要近期进行检修或者更换
	高、低压瓷头	高、低压瓷头	变压器高、低压瓷头未加护罩	国网北京市电力公司《配电网施工工艺及验收规范》第6.2.9.1条中（9）变压器高、低压接线端子应配置有绝缘护罩，安装完好	施工质量	一般缺陷	建议结合年、季检修计划或日常维护工作进行处缺
			0.4kV低压电缆未采用双孔压接端子与变压器低压双孔式抱杆式线夹进行连接	国网北京市电力公司《配电网施工工艺及验收规范》第6.2.9.1条中（6）-2）变台二次引线由变压器至综控箱，一侧采用双孔压接端子与变压器双孔式抱杆式线夹连接	施工质量	一般缺陷	建议结合年、季检修计划或日常维护工作进行处缺

续表

设备类别	设备部件	缺陷部位	缺陷内容	参考依据 / 标准	缺陷类别	缺陷等级	检修策略
柱上变台（紧凑型变台）	高、低压瓷头	高、低压瓷头	变压器高、低压瓷头护罩缺失	国网北京市电力公司《配电网施工工艺及验收规范》第6.2.9.1条中（9）变压器高、低压接线端子应配置有绝缘护罩，安装完好	运维责任	一般缺陷	建议结合年、季检修计划或日常维护工作进行处缺
			变压器高、低压瓷头护罩存在烧蚀痕迹	国网北京市电力公司《配电网运维规程》第7.7.1条中（1）部件接头接触是否良好，有无过热变色、烧熔现象	运维责任	一般缺陷	建议重点关注并结合计划处缺
			变压器瓷套管裙边损伤	国网北京市电力公司《配电网运维规程》第7.7.1条中（2）变压器套管是否清洁，有无裂纹、击穿、烧损和严重污秽，瓷套裙边损伤面积不应超过100mm²	运维责任	严重缺陷	建议结合年、季检修计划或日常维护工作进行处缺
			超声波及声学成像仪检测变压器高压瓷套管处有异常声音，最大数值在0～10dB	国网北京市电力公司《配电网运维规程》第D.4.2.3条中（1）劣化程度在0dB～10dB间为"一般缺陷"：被检测设备继续运行，等级为绿色	运维责任	一般缺陷	被检测设备继续运行
			超声波及声学成像仪检测变压器高压瓷套管处有异常声音，超声波及声学成像仪检测有异常声音，最大数值在11～30dB	国网北京市电力公司《配电网运维规程》第D.4.2.3条中（2）劣化程度在11dB～30dB间为"严重缺陷"：被检测设备需要加强监控，6个月内还需进行检测，看缺陷程度是否有发展趋势，若有发展，则需要进行检修或更换，等级黄色	运维责任	严重缺陷	被检测设备需要加强监控，6个月内还需进行检测，看缺陷程度是否有发展趋势，若有发展，则需要进行检修或更换

设备类别	设备部件	缺陷部位	缺陷内容	参考依据/标准	缺陷类别	缺陷等级	检修策略
柱上变台（紧凑型变台）	高、低压瓷头	高、低压瓷头	超声波及声学成像仪检测变压器高压瓷套管处有异常声音，超声波及声学成像仪检测有异常声音，最大数值在31dB以上	国网北京市电力公司《配电网运维规程》第D.4.2.3条中（3）劣化程度在31dB以上为"危急缺陷"：被检测设备需要近期进行检修或者更换，等级为红色	运维责任	危急缺陷	被检测设备需要近期进行检修或者更换
			变压器导线接头及外部连接处75℃＜实测温度≤80℃或10K＜相间温差≤30K	Q/GDW 745—2012《配电网设备缺陷分类标准》中表B.9配电变压器设备缺陷库"一般缺陷：导线接头及外部连接处温度异常，连接处75℃＜实测温度≤80℃或10K＜相间温差≤30K"	运维责任	一般缺陷	建议重点关注，结合年、季检修计划或日常维护工作进行处缺
			变压器导线接头及外部连接处80℃＜实测温度≤90℃或30K＜相间温差≤40K	Q/GDW 745—2012《配电网设备缺陷分类标准》中表B.9配电变压器设备缺陷库"严重缺陷：导线接头及外部连接处温度异常，连接处80℃＜实测温度≤90℃或30K＜相间温差≤40K"	运维责任	严重缺陷	建议及时处缺
			变压器导线接头及外部连接处实测温度＞90℃或相间温差＞40K	Q/GDW 745—2012《配电网设备缺陷分类标准》中表B.9配电变压器设备缺陷库"危急缺陷：导线接头及外部连接处温度异常，连接处实测温度＞90℃或相间温差＞40K"	运维责任	危急缺陷	建议及时处缺
	变压器本体	变压器	变压器上搭落金属丝、树枝等异物	国网北京市电力公司《配电网运维规程》第7.7.1条中（13）变压器上有无搭落金属丝、树枝等，有无藤蔓类植物附生	运维责任	一般缺陷	建议及时处缺

设备类别	设备部件	缺陷部位	缺陷内容	参考依据 / 标准	缺陷类别	缺陷等级	检修策略
柱上变台（紧凑型变台）	变压器本体	变压器	变压器外壳锈蚀	国网北京市电力公司《配电网运维规程》第 7.7.1 条中（4）配电变压器外壳有无脱漆、锈蚀	设备本体	一般缺陷	建议结合年、季检修计划或日常维护工作进行处缺
			变压器本体存在异常声音	国网北京市电力公司《配电网运维规程》第 7.7.1 条中（8）变压器有无异常的声音，是否存在重负荷、偏负荷现象	设备本体	一般缺陷	建议重点关注并及时处缺
			变压器散热片变形	国网北京市电力公司《配电网施工工艺及验收规范》第 5.3.3.5 条：变压器外观无损伤及变形	设备本体	一般缺陷	建议重点关注并结合计划处缺
		油箱本体	变压器明显渗油	Q/GDW 745—2012《配电网设备缺陷分类标准》第 4.9.4.1 条中 c）–1）轻微渗油	设备本体	一般缺陷	建议重点关注并及时采取补油等措施
			变压器严重渗油	Q/GDW 745—2012《配电网设备缺陷分类标准》第 4.9.4.1 条中 b）–1）严重渗油	设备本体	严重缺陷	建议重点关注并及时采取补油等措施
			变压器滴油	Q/GDW 745—2012《配电网设备缺陷分类标准》第 4.9.4.1 条中 a）危急缺陷：漏油（滴油）	设备本体	危急缺陷	建议立即排查滴油原因并及时处缺
		油位计	变压器油位计部分变红	国网北京市电力公司《配电网运维规程》第 7.7.1 条中（7）变压器油位是否正常	设备本体	一般缺陷	建议结合年、季检修计划或日常维护工作进行处缺
			变压器油位计全部变红	国网北京市电力公司《配电网运维规程》第 7.7.1 条中（7）变压器油位是否正常	设备本体	严重缺陷	建议重点关注并及时采取补油等措施

设备类别	设备部件	缺陷部位	缺陷内容	参考依据/标准	缺陷类别	缺陷等级	检修策略
柱上变台（紧凑型变台）	变台接地	变台接地	变压器（高压端子为肘型头）外壳保护接地未接至主杆，主副杆接地线间未采用绝缘导线连接，易造成肘型头故障	国网北京市电力公司《配电网施工工艺及验收规范》第 6.2.9.1 条中（10）对于10kV 系统中性点不接地或经消弧线圈接地系统的紧凑型变台，0.4kV 侧中性点与副杆中部接地螺母连接，变压器外壳接地、避雷器横担接地、肘型插头屏蔽接地线连在一起与主杆中部接地螺母连接，主副杆中部接地螺母之间使用绝缘引线连接。主副杆底部接地螺母分别与地线钎子连接；（11）对于 10kV 系统中性点经低电阻接地系统的、接地网为独立的紧凑型变压器台区，0.4kV 侧中性点工作接地与副杆中部接地螺母连接并引出绝缘导线顺线路至 5m 外地线钎子接地，变压器外壳接地、避雷器横担接地、肘型插头铜屏蔽层和外屏蔽接地线连在一起通过内嵌地线主杆中部接地螺母与地线钎子接地	施工质量	严重缺陷	建议及时处缺
			变压器（高压端子为瓷头）外壳保护接地未接至主杆，未与支柱式避雷器接地线直接连接，避雷器保护失效	Q/GDW 10813—2023《10kV 架空绝缘线路防雷技术导则》第4.2.9 条：避雷器接地端应与变压器金属外壳相连并通过接地装置接地，避雷器高压端、接地端与变压器高压套管间的连接线应尽可能短	施工质量	一般缺陷	建议及时处缺
			变压器外壳未接地	国网北京市电力公司《配电网施工工艺及验收规范》第6.2.10.2 条中（1）–2）变压器外壳必须有良好的接地。	施工质量	严重缺陷	建议及时处缺

续表

设备类别	设备部件	缺陷部位	缺陷内容	参考依据/标准	缺陷类别	缺陷等级	检修策略
柱上变台（紧凑型变台）	变台接地	变台接地	支柱式避雷器接地线未直接与变压器外壳接地线连接，避雷器保护失效	Q/GDW 10813—2023《10kV架空绝缘线路防雷技术规范》第4.2.9条：避雷器接地端应与变压器金属外壳相连并通过接地装置接地，避雷器高压端、接地端与变压器高压套管间的连接线应尽可能短	施工质量	一般缺陷	建议及时处缺
			变压器外壳接地线压接在底座槽钢上，未规范安装	国网北京市电力公司《配电网施工工艺及验收规范》第6.2.10.2条中（1）-2）变压器外壳必须有良好的接地	施工质量	一般缺陷	建议及时处缺
			变压器中性点接地线未按要求使用截面积70mm²铜芯交联聚乙烯绝缘线	国网北京市电力公司《配电网施工工艺及验收规范》第6.2.9.1条中（6）-6）零线引出工作接地线一律使用截面70mm²的0.4kV铜芯交联聚乙烯绝缘线	施工质量	一般缺陷	建议结合年、季检修计划或日常维护工作进行处缺
			变压器工作接地线绝缘老化，未更换为截面积70mm²的0.4kV铜芯交联聚乙烯绝缘线	国网北京市电力公司《配电网施工工艺及验收规范》第6.2.9.1条中（6）-6）零线引出工作接地线一律使用截面70mm²的0.4kV铜芯交联聚乙烯绝缘线	运维责任	严重缺陷	建议及时处缺
			变压器外壳接地线断线	国网北京市电力公司《配电网施工工艺及验收规范》第6.2.10.2条中（1）-2）变压器外壳必须有良好的接地	运维责任	严重缺陷	建议及时处缺
	变台安装	变台安装	变压器底座与背板固定所用穿钉螺杆偏细，与螺孔不匹配，变压器未能可靠固定	《国网北京市电力公司配电网工程典型设计　线路分册　2016年版》图14-4紧凑型柱上变压器安装图（Ⅱ型配电箱熔断器低位安装）（BT4-15-Ⅰ）	施工质量	一般缺陷	建议及时处缺

设备类别	设备部件	缺陷部位	缺陷内容	参考依据/标准	缺陷类别	缺陷等级	检修策略
柱上变台（紧凑型变台）	变台安装	变台安装	大母式变台，10kV互绞电缆水平敷设未采用钢绞线吊装固定	《国网北京市电力公司配电网工程典型设计 线路分册 2016年版》图14-9改造项目大母式柱上变压器安装图（Ⅰ型配电箱熔断器低位安装）	施工质量	一般缺陷	建议结合年、季检修计划或日常维护工作进行处缺
			变台主杆与副杆之间未安装水平横担	《国网北京市电力公司配电网工程典型设计 线路分册 2016年版》图14-4紧凑型柱上变压器安装图（Ⅱ型配电箱熔断器低位安装）（BT4-15-Ⅰ）	施工质量	一般缺陷	建议结合年、季检修计划或日常维护工作进行处缺
			变台槽钢歪斜	国网北京市电力公司《配电网运维规程》第7.7.1条中（10）变压器台架有无锈蚀、倾斜、下沉	施工质量	一般缺陷	建议结合年、季检修计划或日常维护工作进行处缺
			变台槽钢对地高度小于2.5m	国网北京市电力公司《配电网施工工艺及验收规范》第6.2.9.1条中（3）紧凑型变台副杆埋深在设计未做规定时，一般土质地区为2m；变台槽钢对地高度一般3m，受条件限制时最低不应小于2.5m，槽钢平面坡度不应大于根开的1/100；变台封闭型熔断器支架一般对地距离为5.5m，在变台槽钢高度降低时可适当降低，最低不低于5m，对引线应进行固定	施工质量	一般缺陷	建议结合年、季检修计划或日常维护工作进行处缺
			变压器固定不牢固，未按要求采用背板穿钉进行固定	《国网北京市电力公司配电网工程典型设计 线路分册 2016年版》图14-4紧凑型柱上变压器安装图（Ⅱ型配电箱熔断器低位安装）（BT4-15-Ⅰ）	施工质量	一般缺陷	建议及时处缺

续表

设备 类别	设备 部件	缺陷 部位	缺陷内容	参考依据／标准	缺陷 类别	缺陷 等级	检修策略
柱上 变台 （紧 凑型 变台）	变台 安装	变台 安装	变压器底座与固定背板螺孔错位，固定底座与背板槽钢的穿钉未垂直安装、正常受力，变压器安装不稳固	《国网北京市电力公司配电网工程典型设计　线路分册　2016 年版》图 14-4 紧凑型柱上变压器安装图（Ⅱ型配电箱熔断器低位安装）（BT4-15-Ⅰ）	施工质量	一般缺陷	建议及时处缺
			变压器未采用∠63×63×6 角钢与变压器本体槽钢螺栓夹固方式进行固定，仍采用变压器上部围栏方式固定	京电运检〔2015〕64 号《配电网建设改造相关技术标准》第二条：柱上配电变压器采用∠63×63×6 角钢与变压器本体槽钢螺栓夹固方式，固定于承重槽钢上，不再采用变压器上部围栏方式固定	施工质量	一般缺陷	建议及时处缺
			变台支撑角铁安装位置与变压器底座固定位置冲突，导致固定背板未能正常安装，变压器固定不牢固	《国网北京市电力公司配电网工程典型设计　线路分册　2016 年版》图 14-11 改造项目半母式柱上变压器安装图（Ⅰ型配电箱熔断器低位安装）	施工质量	一般缺陷	建议及时处缺
			变压器横担拖箍规格与电杆粗细不匹配且托箍螺栓未紧固	国网北京市电力公司《配电网施工工艺及验收规范》第 6.2.9.1 条中（12）-3）变台安装：接线正确，各部螺母紧固，安装牢固	施工质量	一般缺陷	建议及时处缺
			变台横担托箍使用不规范，采用电缆抱箍代替横担拖箍	《国网北京市电力公司配电网工程典型设计　线路分册　2016 年版》图 14-4 紧凑型柱上变压器安装图（Ⅱ型配电箱熔断器低位安装）（BT4-15-Ⅰ）	施工质量	一般缺陷	建议及时处缺

设备类别	设备部件	缺陷部位	缺陷内容	参考依据/标准	缺陷类别	缺陷等级	检修策略
柱上变台（紧凑型变台）	变台安装	变台安装	转角杆和分支杆/设有10kV接户线或10kV电缆的电杆/设有线路开关设备的电杆/交叉路口的电杆/0.4kV接户线较多的电杆不宜装设变台	国网北京市电力公司《配电网施工工艺及验收规范》第6.2.9.1条中（1）变台应设于负荷中心附近，且便于安装、更换和检修。下列电杆不宜装设变台：①转角杆和分支杆；②设有10kV接户线或10kV电缆的电杆；③设有线路开关设备的电杆；④交叉路口的电杆；⑤0.4kV接户线较多的电杆	设计缺陷	严重缺陷	建议及时处缺
			迁移变压器仍采用传统变台形式，未按典设要求改为紧凑式布置	《国网北京市电力公司配电网工程典型设计 线路分册 2016年版》第14.4.1条中（5）新建项目，柱上变压器采用紧凑式布置，跌落式熔断器采用高位或低位安装。改建项目除利用现状柱上变压器外，其他设备均采用紧凑式布置，变压器高压磁头引线采用铜端子压接，并加绝缘护罩	设计缺陷	一般缺陷	建议结合年、季检修计划或日常维护工作进行处缺
			变台槽钢锈蚀	国网北京市电力公司《配电网运维规程》第7.7.1条中（10）变压器台架有无锈蚀、倾斜、下沉	设备本体	一般缺陷	建议结合年、季检修计划或日常维护工作进行处缺
	跌落式熔断器	跌落式熔断器	跌落式熔断器上端未加护罩	国网北京市电力公司《配电网运维规程》第7.1.11.3条中（8）跌落式熔断器护罩是否完好	施工质量	一般缺陷	建议结合年、季检修计划或日常维护工作进行处缺
			跌落式熔断器三相安装角度不一致	国网北京市电力公司《配电网施工工艺及验收规范》第6.2.9.5条中（2）-2 熔断器间距不应小于500mm，熔断器瓷件轴线与地面垂线之间的夹角为15°～30°。熔断器安装应牢固、高低一致，不应歪斜	施工质量	一般缺陷	建议结合年、季检修计划或日常维护工作进行处缺

续表

设备类别	设备部件	缺陷部位	缺陷内容	参考依据/标准	缺陷类别	缺陷等级	检修策略
柱上变台（紧凑型变台）	跌落式熔断器	跌落式熔断器	跌落式熔断器安装间距不足500mm	国网北京市电力公司《配电网施工工艺及验收规范》第6.2.9.5条中（2）-2）熔断器间距不应小于500mm，熔断器瓷件轴线与地面垂线之间的夹角为15°～30°。熔断器安装应牢固、高低一致，不应歪斜	施工质量	一般缺陷	建议结合年、季检修计划或日常维护工作进行处缺
			跌落式熔断器瓷件轴线与地面垂线之间的夹角不在15°～30°范围	国网北京市电力公司《配电网施工工艺及验收规范》第6.2.9.5条中（2）-2）熔断器间距不应小于500mm，熔断器瓷件轴线与地面垂线之间的夹角为15°～30°。熔断器安装应牢固、高低一致，不应歪斜	施工质量	一般缺陷	建议结合年、季检修计划或日常维护工作进行处缺
			跌落式熔断器对地距离不足5.5m	《国网北京市电力公司配电网工程典型设计 线路分册2016年版》第14.4.1条中（3）柱上三相变压器10kV侧户外跌落式熔断器采用低位安装，距地5.5m；高位安装，距地11.5m	施工质量	一般缺陷	建议结合年、季检修计划或日常维护工作进行处缺
			跌落式熔断器横担未焊接垫铁后再与杆塔进行固定，固定不牢靠	《国网北京市电力公司配电网工程典型设计 线路分册 2016年版》图14-4紧凑型柱上变压器安装图（Ⅱ型配电箱熔断器低位安装）（BT4-15-Ⅰ）	施工质量	一般缺陷	建议结合年、季检修计划或日常维护工作进行处缺
			跌落式熔断器存在放电烧蚀痕迹	Q/GDW 745—2012《配电网设备缺陷分类标准》第4.5条中b）-2）有明显放电（痕迹）	运维责任	严重缺陷	建议及时处缺
			跌落式熔断器距离树枝近	国网北京市电力公司《配电网运维规程》第7.2.2条中（7）杆塔周围有无藤蔓类攀岩植物和其他附着物，有无危及安全的鸟窝、风筝及杂物	运维责任	严重缺陷	建议及时处缺

续表

设备类别	设备部件	缺陷部位	缺陷内容	参考依据 / 标准	缺陷类别	缺陷等级	检修策略
柱上变台（紧凑型变台）	跌落式熔断器	跌落式熔断器	跌落式熔断器护罩内存在鸟窝	国网北京市电力公司《配电网运维规程》第7.2.2条中（7）杆塔周围有无藤蔓类攀岩植物和其他附着物，有无危及安全的鸟窝、风筝及杂物	运维责任	严重缺陷	建议及时处缺
			跌落式熔断器熔丝管损坏	国网北京市电力公司《配电网施工工艺及验收规范》第6.2.9.5条中（2）-4）熔丝规格正确，熔丝两端压紧、弹力适中，不应有拧伤、克断现象	运维责任	严重缺陷	建议及时处缺
			跌落式熔断器护罩破损	Q/GDW 745—2012《配电网设备缺陷分类标准》第4.5条中c）-6）绝缘罩损坏	运维责任	一般缺陷	建议结合年、季检修计划或日常维护工作进行处缺
			跌落式熔断器护罩缺失	国网北京市电力公司《配电网运维规程》第7.1.11.3条中（8）跌落式熔断器护罩是否完好	运维责任	一般缺陷	建议结合年、季检修计划或日常维护工作进行处缺
			跌落式熔断器护罩脱落	国网北京市电力公司《配电网运维规程》第7.1.11.3条中（8）跌落式熔断器护罩是否完好	运维责任	一般缺陷	建议结合年、季检修计划或日常维护工作进行处缺
			跌落式熔断器锈蚀	Q/GDW 745—2012《配电网设备缺陷分类标准》中表B.5跌落式熔断器设备缺陷库"一般缺陷：本体及引线中度锈蚀；严重缺陷：本体及引线严重锈蚀"	运维责任	一般缺陷	建议结合年、季检修计划或日常维护工作进行处缺
			跌落式熔断器搭挂异物	国网北京市电力公司《配电网运维规程》第7.2.2条中（7）杆塔周围有无藤蔓类攀岩植物和其他附着物，有无危及安全的鸟窝、风筝及杂物	运维责任	一般缺陷	建议及时处缺

设备类别	设备部件	缺陷部位	缺陷内容	参考依据/标准	缺陷类别	缺陷等级	检修策略
柱上变台（紧凑型变台）	跌落式熔断器	跌落式熔断器	超声波及声学成像仪检测跌落式熔断器有异常声音，最大数值在 0 ~ 10dB	国网北京市电力公司《配电网运维规程》附录 D.4.2.3 中（1）劣化程度在 0dB ~ 10dB 间为"一般缺陷"：被检测设备继续运行，等级为绿色	运维责任	一般缺陷	被检测设备继续运行
			超声波及声学成像仪检测跌落式熔断器有异常声音，最大数值在 11 ~ 30dB	国网北京市电力公司《配电网运维规程》附录 D.4.2.3 中（2）劣化程度在 11dB ~ 30dB 间为"严重缺陷"：被检测设备需要加强监控，6 个月内还需进行检测，看缺陷程度是否有发展趋势，若有发展，则需要进行检修或更换，等级黄色	运维责任	严重缺陷	被检测设备需要加强监控，6 个月内还需进行检测，看缺陷程度是否有发展趋势，若有发展，则需要进行检修或更换
			超声波及声学成像仪检测跌落式熔断器有异常声音，最大数值在 31dB 以上	国网北京市电力公司《配电网运维规程》附录 D.4.2.3 中（3）劣化程度在 31dB 以上为"危急缺陷"：被检测设备需要近期进行检修或者更换，等级为红色	运维责任	危急缺陷	被检测设备需要近期进行检修或者更换
			跌落式熔断器电气连接处 75℃＜实测温度≤80℃或 10K＜相间温差≤30K	Q/GDW 745—2012《配电网设备缺陷分类标准》表 B.5 跌落式熔断器设备缺陷库"一般缺陷：跌落式熔断器电气连接处 75℃＜实测温度≤80℃或 10K＜相间温差≤30K"	运维责任	一般缺陷	建议及时处缺
			跌落式熔断器电气连接处 80℃＜实测温度≤90℃或 30K＜相间温差≤40K	Q/GDW 745—2012《配电网设备缺陷分类标准》表 B.5 跌落式熔断器设备缺陷库"严重缺陷：跌落式熔断器电气连接处 80℃＜实测温度≤90℃或 30K＜相间温差≤40K"	运维责任	严重缺陷	建议及时处缺

设备类别	设备部件	缺陷部位	缺陷内容	参考依据/标准	缺陷类别	缺陷等级	检修策略
柱上变台（紧凑型变台）	跌落式熔断器	跌落式熔断器	跌落式熔断器电气连接处实测温度＞90℃或相间温差＞40K	Q/GDW 745—2012《配电网设备缺陷分类标准》表B.5跌落式熔断器设备缺陷库"危急缺陷：跌落式熔断器电气连接处实测温度＞90℃或相间温差＞40K"	运维责任	危急缺陷	建议及时处缺
			跌落式熔断器瓷绝缘件破损	国网北京市电力公司《配电网运维规程》第7.4.2条中（1）跌落式熔断器瓷绝缘件有无裂纹、闪络、破损及严重污秽	设备本体	严重缺陷	建议及时处缺
	支柱式避雷器	支柱式避雷器	支柱式避雷器接地线未直接与变压器外壳接地线连接，避雷器保护失效	Q/GDW 10813—2023《10kV架空绝缘线路防雷技术导则》4.2.9避雷器接地端应与变压器金属外壳相连并通过接地装置接地，避雷器高压端、接地端与变压器高压套管间的连接线应尽可能短	施工质量	一般缺陷	建议结合年、季检修计划或日常维护工作进行处缺
			支柱式避雷器未有效保护变压器本体（避雷器接地端与变压器外壳间未通过35mm²绝缘铜线直接连接）	《国网北京市电力公司配电网工程典型设计 线路分册 2016年版》图14-4紧凑型柱上变压器安装图（Ⅱ型配电箱熔断器低位安装）（BT4-15-Ⅰ）	施工质量	一般缺陷	建议结合年、季检修计划或日常维护工作进行处缺
			支柱式避雷器导电连板护罩未扣紧	国网北京市电力公司《配电网施工工艺及验收规范》第6.2.9.6条中（1）-3熔断器下引线、下半段电缆使用端子拧紧在导电连板上，将绝缘罩扣紧	施工质量	一般缺陷	建议结合年、季检修计划或日常维护工作进行处缺
			支柱式避雷器连接板护罩缺失	国网北京市电力公司《配电网施工工艺及验收规范》第6.2.9.6条中（1）-3熔断器下引线、下半段电缆使用端子拧紧在导电连板上，将绝缘罩扣紧	施工质量	一般缺陷	建议结合年、季检修计划或日常维护工作进行处缺

续表

设备类别	设备部件	缺陷部位	缺陷内容	参考依据/标准	缺陷类别	缺陷等级	检修策略
柱上变台（紧凑型变台）	支柱式避雷器	支柱式避雷器	避雷器接地梗无护罩	国网北京市电力公司《配电网施工工艺及验收规范》表 C.9 紧凑型变压器台安装分项工程质量检验评定表"避雷器接地梗绝缘罩安装完成绝缘封闭"	施工质量	一般缺陷	建议结合年、季检修计划或日常维护工作进行处缺
			支柱式避雷器接地端螺母未按规范要求露出至少两个螺距	国网北京市电力公司《配电网施工工艺及验收规范》第 6.2.4.12 条中（1）螺杆丝扣露出长度，单螺母不应少于两个螺距，双螺母至少露出一个螺距	施工质量	一般缺陷	建议结合年、季检修计划或日常维护工作进行处缺
			一相支柱式避雷器缺失，采用柱式绝缘子替代	《国网北京市电力公司配电网工程典型设计 线路分册 2016 年版》图 14-2 紧凑型柱上变压器安装图（Ⅰ型配电箱熔断器低位安装）（BT2-15-Ⅰ）	施工质量	一般缺陷	建议结合年、季检修计划或日常维护工作进行处缺
			支柱式避雷器连接板温度异常	Q/GDW 745—2012《配电网设备缺陷分类标准》表 B.6 金属氧化物避雷器设备缺陷库"严重缺陷：避雷器本体电气连接处相间温差异常"	运维责任	严重缺陷	建议重点关注并及时处缺
			支柱式避雷器接地梗护罩有烧蚀痕迹	国网北京市电力公司《配电网施工工艺及验收规范》表 C.9 紧凑型变压器台安装分项工程质量检验评定表"避雷器接地梗绝缘罩安装完成绝缘封闭"	运维责任	严重缺陷	建议及时处缺
			避雷器接地梗护罩缺失	国网北京市电力公司《配电网施工工艺及验收规范》表 C.9 紧凑型变压器台安装分项工程质量检验评定表"避雷器接地梗绝缘罩安装完成绝缘封闭"	运维责任	一般缺陷	建议结合年、季检修计划或日常维护工作进行处缺
			避雷器接地梗护罩未复位	国网北京市电力公司《配电网施工工艺及验收规范》表 C.9 紧凑型变压器台安装分项工程质量检验评定表"避雷器接地梗绝缘罩安装完成绝缘封闭"	运维责任	一般缺陷	建议结合年、季检修计划或日常维护工作进行处缺

设备类别	设备部件	缺陷部位	缺陷内容	参考依据/标准	缺陷类别	缺陷等级	检修策略
柱上变台（紧凑型变台）	低压配电箱（JP柜）	低压配电箱（JP柜）	变压器低压配电箱（JP柜）距离地面不足1.2m	《国网北京市电力公司配电网工程典型设计 线路分册 2016年版》第14.4.1条中（2）柱上三相变压器低压配电箱分为Ⅰ型和Ⅱ型两种。Ⅰ型装于变压器副杆侧面，其下端距地面3m；Ⅱ型装于变压器下侧，其下端距地面1.2m	施工质量	一般缺陷	建议结合年、季检修计划或日常维护工作进行处缺
			变压器低压配电箱（JP柜）进出线孔洞未采用防火封堵材料进行封堵	国网北京市电力公司《配电网施工工艺及验收规范》第6.3.6.1条中（1）在电缆穿过竖井、墙壁、楼板或进入电气盘、柜的孔洞处，用防火堵料密实封堵	施工质量	一般缺陷	建议及时处缺
			变压器低压配电箱（JP柜）未设有防止触电的警告标识	《国网北京市电力公司配电网工程典型设计 线路分册 2016年版》第14.4.1条中（2）低压配电箱应加锁，有防止触电的警告并采取可靠的接地	施工质量	一般缺陷	建议及时处缺
			变压器低压配电箱（JP柜）内开关相邻两相接线端子间未加装绝缘板等防护措施	国网北京市电力公司《配电网施工工艺及验收规范》第6.1.10.3条中（3）各相终端固定处应加装符合规范要求的衬垫	施工质量	一般缺陷	建议及时处缺
			变压器低压配电箱（JP柜）内出线电缆未采用单孔端子与开关接线铜排进行连接	国网北京市电力公司《配电网施工工艺及验收规范》第6.2.9.1条中（6）-3变台二次引线由综控箱至架空线路，一侧采用单孔压接端子与综控箱母线连接，从箱体上方馈出；另一侧引上后将电缆引线劈叉，加装电缆终端分支手套，与架空线路导线采用H形线夹压接，并进行绝缘包封	施工质量	一般缺陷	建议结合年、季检修计划或日常维护工作进行处缺

设备类别	设备部件	缺陷部位	缺陷内容	参考依据／标准	缺陷类别	缺陷等级	检修策略
柱上变台（紧凑型变台）	低压配电箱（JP柜）	低压配电箱（JP柜）	电缆接线端子与开关接线铜排规格不匹配，端子孔与连接螺栓及垫片间存在较大间隙，接触面积不足且压接不实	国网北京市电力公司《配电网施工工艺及验收规范》第7.3.2.1条中（3）电缆接线端子与所接设备端子应接触良好	施工质量	一般缺陷	建议及时处缺
			变压器低压配电箱（JP柜）固定角钢的螺栓未垂直安装、正常受力，固定不稳固	《国网北京市电力公司配电网工程典型设计 线路分册 2016年版》图14-4紧凑型柱上变压器安装图（Ⅱ型配电箱熔断器低位安装）（BT4-15-Ⅰ）	施工质量	一般缺陷	建议及时处缺
			变压器低压配电箱（JP柜）与槽钢间采用铁丝进行缠绕固定，固定不稳固	《国网北京市电力公司配电网工程典型设计 线路分册 2016年版》图14-4紧凑型柱上变压器安装图（Ⅱ型配电箱熔断器低位安装）（BT4-15-Ⅰ）	施工质量	一般缺陷	建议及时处缺
			变压器低压配电箱（JP柜）底座一侧采用背板固定，另一侧未采取任何固定措施，固定不稳固	《国网北京市电力公司配电网工程典型设计 线路分册 2016年版》图14-4紧凑型柱上变压器安装图（Ⅱ型配电箱熔断器低位安装）（BT4-15-Ⅰ）	施工质量	一般缺陷	建议及时处缺
			变压器低压配电箱（JP柜）未按要求关闭并上锁	《国网北京市电力公司配电网工程典型设计 线路分册 2016年版》第14.4.1条中（2）柱上三相变压器低压配电箱（兼有智能表计、出线、补偿、采集）分为Ⅰ型和Ⅱ型两种。Ⅰ型装于变压器副杆侧面，其下端距地面3m；Ⅱ型装于变压器下侧，其下端距地面1.2m。低压配电箱应加锁，有防止触电的警告并采取可靠的接地	运维责任	一般缺陷	建议及时处缺

设备类别	设备部件	缺陷部位	缺陷内容	参考依据／标准	缺陷类别	缺陷等级	检修策略
柱上变台（紧凑型变台）	低压配电箱（JP柜）	低压配电箱（JP柜）	变压器低压配电箱（JP柜）内跨柜门的二次控制线未缠绕蛇皮管等保护措施，柜门长期开合易导致线体劳损折断	国网北京市电力公司《配电网施工工艺及验收规范》第6.4.1.2条中（1）控制电缆线芯应用蛇皮管绑扎牢固，单层布置的电缆终端高度应一致；多层布置的电缆终端高度宜一致，或从里往外逐层降低，降低高度应统一	施工质量	一般缺陷	建议及时处缺
			变压器低压配电箱（JP柜）内二次控制线未安装紧绳扎带，二次线走线混乱	国网北京市电力公司《配电网施工工艺及验收规范》第6.4.2.2条中（1）盘、柜内电缆芯线接入端子前，应将电缆芯线打开原有缠绕状态，用棉丝或棉布将芯线捋直，并使用尼龙线或扎带（尼龙搭扣）按照100mm间距离绑扎，若使用扎带，搭扣应置于电缆里侧	施工质量	一般缺陷	建议及时处缺
			变压器低压配电箱（JP柜）内电流互感器安装不牢固	国网北京市电力公司《配电网施工工艺及验收规范》第6.1.12.2条：电流互感器应安装牢固、接线紧固	施工质量	一般缺陷	建议及时处缺
			变压器低压配电箱（JP柜）开关出线电缆终端未安装冷缩分支手套进行防潮绝缘保护	国网北京市电力公司《配电网施工工艺及验收规范》第6.3.5.2条中（3）电缆终端采用分支手套，分支手套应尽可能向电缆头根部拉近，过渡应自然、弧度一致，分支手套、延长护管及电缆终端等应与电缆接触紧密	施工质量	一般缺陷	建议结合年、季检修计划或日常维护工作进行处缺

设备类别	设备部件	缺陷部位	缺陷内容	参考依据/标准	缺陷类别	缺陷等级	检修策略
柱上变台（紧凑型变台）	低压配电箱（JP柜）	低压配电箱（JP柜）	变压器低压配电箱（JP柜）出线电缆终端头分支手套处未延长冷缩（或热缩）保护管，线芯绝缘外露易受潮老化	国网北京市电力公司《配电网施工工艺及验收规范》第6.3.5.2条中（3）电缆终端采用分支手套，分支手套应尽可能向电缆头根部拉近，过渡应自然、弧度一致，分支手套、延长护管及电缆终端等应与电缆接触紧密	施工质量	一般缺陷	建议结合年、季检修计划或日常维护工作进行处缺
			变压器低压配电箱（JP柜）开关出线为铝导线，电缆终端头未采用铜铝过渡端子进行压接	国网北京市电力公司《配电网施工工艺及验收规范》第7.1.6.2条中（5）铜铝导体连接方法符合铜铝过渡的要求	施工质量	一般缺陷	建议结合年、季检修计划或日常维护工作进行处缺
			变压器低压配电箱（JP柜）外壳锈蚀	国网北京市电力公司《配电网运维规程》第7.8条中（3）低压配电箱外壳有无锈蚀、损坏	运维责任	一般缺陷	建议及时处缺
			变压器低压配电箱（JP柜）柜门缺失	国网北京市电力公司《配电网运维规程》第7.8条中（3）低压配电箱外壳有无锈蚀、损坏	运维责任	一般缺陷	建议及时处缺
			变压器低压配电箱（JP柜）内存在异物	国网北京市电力公司《配电网运维规程》第7.9条中（2）低压配电箱内是否清洁	运维责任	一般缺陷	建议及时处缺
	无功补偿装置箱	无功补偿装置箱	变压器无功补偿装置箱体外壳锈蚀	国网北京市电力公司《配电网运维规程》第7.8条中（4）无功补偿装置箱体外壳有无变形、锈蚀	运维责任	一般缺陷	建议及时处缺
	通道	通道	变压器周围有藤蔓类植物附生	国网北京市电力公司《配电网运维规程》第7.7.1条中（13）变压器上有无搭落金属丝、树枝等，有无藤蔓类植物附生	运维责任	一般缺陷	建议及时处缺

设备类别	设备部件	缺陷部位	缺陷内容	参考依据 / 标准	缺陷类别	缺陷等级	检修策略
柱上变台（紧凑型变台）	通道	通道	变压器周围存在违章建筑、堆积物	Q/GDW 745—2012《配电网设备缺陷分类标准》第4.1.6条中 c）–2）通道内有无违章建筑、堆积物	运维责任	一般缺陷	建议及时处缺
			变压器周围存在施工作业	国网北京市电力公司《配电网运维规程》第7.2.1条中（7）是否存在对线路安全构成威胁的工程设施	运维责任	一般缺陷	建议及时处缺
	变压器围栏	变压器围栏	变压器围栏破损	国网北京市电力公司《配电网运维规程》第7.7.1条中（11）变压器的围栏是否完好	运维责任	一般缺陷	建议及时处缺
			变压器围栏门缺失	国网北京市电力公司《配电网运维规程》第7.7.1条中（11）变压器的围栏是否完好	运维责任	一般缺陷	建议及时处缺
	标识	标识	变压器未悬挂或喷涂有"高压危险、禁止攀登"警告标志	国网北京市电力公司《配电网施工工艺及验收规范》第6.2.9.1条中（12）–6）变压器悬挂或喷涂有"高压危险、禁止攀登"警告标志，变台悬挂位号牌	施工质量	一般缺陷	建议及时处缺
			变压器未悬挂位号牌	国网北京市电力公司《配电网施工工艺及验收规范》第6.5.2.3条："柱上变压器需安装变压器位号牌，并安装安全警示标识；位号牌安装位置为距线路最近的变压器副杆上变压器围栏下方，单杆背变压器位号牌安装在变压器下方，位号牌的字迹应清晰不易脱落，应能防腐，挂装应牢固"	施工质量	一般缺陷	建议及时处缺

续表

设备类别	设备部件	缺陷部位	缺陷内容	参考依据/标准	缺陷类别	缺陷等级	检修策略
柱上变台（传统型变台）	高、低压瓷头	高、低压瓷头	变压器高、低压瓷头未加护罩	国网北京市电力公司《配电网施工工艺及验收规范》第6.2.9.1条中（9）变压器高、低压接线端子应配置有绝缘护罩，安装完好	施工质量	一般缺陷	建议结合年、季检修计划或日常维护工作进行处缺
			0.4kV 低压电缆与变压器低压瓷头固定未采用双孔端子与变压器双孔式抱杆式线夹连接	国网北京市电力公司《配电网施工工艺及验收规范》第6.2.9.1条中（6）-2）变台二次引线由变压器至综控箱，一侧采用双孔压接端子与变压器双孔式抱杆式线夹连接	施工质量	一般缺陷	建议结合年、季检修计划或日常维护工作进行处缺
			变压器高、低压瓷头护罩缺失	国网北京市电力公司《配电网施工工艺及验收规范》第6.2.9.1条中（9）变压器高、低压接线端子应配置有绝缘护罩，安装完好	运维责任	一般缺陷	建议结合年、季检修计划或日常维护工作进行处缺
			变压器高、低压瓷头护罩存在烧蚀痕迹	国网北京市电力公司《配电网运维规程》第7.7.1条中（1）部件接头接触是否良好，有无过热变色、烧熔现象	运维责任	严重缺陷	建议及时处缺
			变压器瓷套裙边损伤	国网北京市电力公司《配电网运维规程》第7.7.1条中（2）变压器套管是否清洁，有无裂纹、击穿、烧损和严重污秽，瓷套裙边损伤面积不应超过100mm^2	运维责任	严重缺陷	建议及时处缺

设备类别	设备部件	缺陷部位	缺陷内容	参考依据／标准	缺陷类别	缺陷等级	检修策略
柱上变台（传统型变台）	高、低压瓷头	高、低压瓷头	超声波及声学成像仪检测变压器高压瓷套管处有异常声音，最大数值在 0 ～ 10dB	国网北京市电力公司《配电网运维规程》附录 D.4.2.3 中（1）劣化程度在 0dB ～ 10dB 间为"一般缺陷"：被检测设备继续运行，等级为绿色	运维责任	一般缺陷	被检测设备继续运行
			超声波及声学成像仪检测变压器高压瓷套管处有异常声音，超声波及声学成像仪检测有异常声音，最大数值在 11 ～ 30dB	国网北京市电力公司《配电网运维规程》附录 D.4.2.3 中（2）劣化程度在 11dB ～ 30dB 间为"严重缺陷"：被检测设备需要加强监控，6 个月内还需进行检测，看缺陷程度是否有发展趋势，若有发展，则需要进行检修或更换，等级黄色	运维责任	严重缺陷	被检测设备需要加强监控，6 个月内还需进行检测，看缺陷程度是否有发展趋势，若有发展，则需要进行检修或更换
			超声波及声学成像仪检测变压器高压瓷套管处有异常声音，超声波及声学成像仪检测有异常声音，最大数值在 31dB 以上	国网北京市电力公司《配电网运维规程》附录 D.4.2.3 中（3）劣化程度在 31dB 以上为"危急缺陷"：被检测设备需要近期进行检修或者更换，等级为红色	运维责任	危急缺陷	被检测设备需要近期进行检修或者更换
			变压器导线接头及外部连接处 75℃＜实测温度≤80℃或 10K＜相间温差≤30K	Q/GDW 745—2012《配电网设备缺陷分类标准》表 B.9 配电变压器设备缺陷库"一般缺陷：导线接头及外部连接处温度异常，连接处 75℃＜实测温度≤80℃或 10K＜相间温差≤30K"	运维责任	一般缺陷	建议重点关注，结合年、季检修计划或日常维护工作进行处缺

续表

设备类别	设备部件	缺陷部位	缺陷内容	参考依据／标准	缺陷类别	缺陷等级	检修策略
柱上变台（传统型变台）	高、低压瓷头	高、低压瓷头	变压器导线接头及外部连接处 80℃＜实测温度 ≤ 90℃ 或 30K＜相间温差 ≤ 40K	Q/GDW 745—2012《配电网设备缺陷分类标准》表 B.9 配电变压器设备缺陷库"严重缺陷：导线接头及外部连接处温度异常，连接处 80℃＜实测温度 ≤ 90℃ 或 30K＜相间温差 ≤ 40K"	运维责任	严重缺陷	建议及时处缺
			变压器导线接头及外部连接处实测温度＞90℃ 或相间温差＞40K	Q/GDW 745—2012《配电网设备缺陷分类标准》表 B.9 配电变压器设备缺陷库"危急缺陷：导线接头及外部连接处温度异常，连接处实测温度＞90℃或相间温差＞40K"	运维责任	危急缺陷	建议及时处缺
	立瓶线	立瓶线	变台立瓶线松弛	国网北京市电力公司《配电网运维规程》第 7.7.1 条中（12）引线是否松弛，绝缘层是否良好，相间或对构件的距离是否符合规定，对工作人员有无触电危险	施工质量	一般缺陷	建议结合年、季检修计划或日常维护工作进行处缺
			变台立瓶线老化	京电运检〔2016〕68 号《国网北京市电力公司智能配电网建设改造技术细则》第 7.2.1.2 条："架空线路全绝缘化改造内容应包括：绝缘导线更换、紧凑型变台改造、变台连接端子加装绝缘罩、电缆引线端子加装绝缘罩、导线连接线夹加装绝缘卷材（绝缘罩）、避雷器上引线端子加装绝缘卷材、刀闸加装绝缘护罩、绝缘导线局部破损修复、导线加装绝缘护管等"	运维责任	一般缺陷	建议结合年、季检修计划或日常维护工作进行处缺

设备类别	设备部件	缺陷部位	缺陷内容	参考依据/标准	缺陷类别	缺陷等级	检修策略
柱上变台（传统型变台）	立瓶线	立瓶线	变台立瓶线与树枝摩擦，超声波及声学成像仪检测有异常声音，最大数值在0dB～10dB	国网北京市电力公司《配电网运维规程》附录D.4.2.3中（1）劣化程度在0dB～10dB间为"一般缺陷"：被检测设备继续运行，等级为绿色	运维责任	一般缺陷	被检测设备继续运行
			变压器立瓶线与树枝摩擦，超声波及声学成像仪检测有异常声音，最大数值在11～30dB	国网北京市电力公司《配电网运维规程》附录D.4.2.3中（2）劣化程度在11dB～30dB间为"严重缺陷"：被检测设备需要加强监控，6个月内还需进行检测，看缺陷程度是否有发展趋势，若有发展，则需要进行检修或更换，等级黄色	运维责任	严重缺陷	被检测设备需要加强监控，6个月内还需进行检测，看缺陷程度是否有发展趋势，若有发展，则需要进行检修或更换
			变压器立瓶线与树枝摩擦，超声波及声学成像仪检测有异常声音，最大数值在31dB以上	国网北京市电力公司《配电网运维规程》附录D.4.2.3中（3）劣化程度在31dB以上为"危急缺陷"：被检测设备需要近期进行检修或者更换，等级为红色	运维责任	危急缺陷	被检测设备需要近期进行检修或者更换
	高、低压母线	高、低压母线	低压母线有烧蚀痕迹且变压器外壳有熏黑痕迹	国网北京市电力公司《配电网运维规程》第7.2.4条中（1）导线有无断股、损伤、烧伤、腐蚀的痕迹，绑扎线有无脱落、开裂，连接线夹螺栓应紧固、无跑线现象，7股导线中任一股损伤深度不得超过该股导线直径的1/2，19股及以上导线任一处的损伤不得超过3股	运维责任	严重缺陷	建议及时处缺

续表

设备类别	设备部件	缺陷部位	缺陷内容	参考依据/标准	缺陷类别	缺陷等级	检修策略
柱上变台（传统型变台）		高、低压母线	高、低压母线	低压母线绝缘老化	京电运检〔2016〕68号《国网北京市电力公司智能配电网建设改造技术细则》第7.2.1.2条："架空线路全绝缘化改造内容应包括：绝缘导线更换、紧凑型变台改造、变台连接端子加装绝缘罩、电缆引线端子加装绝缘罩、导线连接线夹加装绝缘卷材（绝缘罩）、避雷器上引线端子加装绝缘卷材、刀闸加装绝缘护罩、绝缘导线局部破损修复、导线加装绝缘护管等"	运维责任	一般缺陷	建议结合年、季检修计划或日常维护工作进行处缺
	变压器本体	变压器	变压器上搭落金属丝、树枝	国网北京市电力公司《配电网运维规程》第7.7.1条中（13）变压器上有无搭落金属丝、树枝等，有无藤蔓类植物附生	运维责任	一般缺陷	建议及时处缺
			变压器外壳锈蚀	国网北京市电力公司《配电网运维规程》第7.7.1条中（4）配电变压器外壳有无脱漆、锈蚀	设备本体	一般缺陷	建议结合年、季检修计划或日常维护工作进行处缺
			变压器本体存在异常声音	国网北京市电力公司《配电网运维规程》第7.7.1条中（8）变压器有无异常的声音，是否存在重负荷、偏负荷现象	设备本体	一般缺陷	建议重点关注并及时处缺
			变压器散热片变形	国网北京市电力公司《配电网施工工艺及验收规范》第5.3.3.5条："变压器外观无损伤及变形"	设备本体	一般缺陷	建议重点关注并结合计划处缺
		油箱本体	变压器明显渗油	Q/GDW 745—2012《配电网设备缺陷分类标准》第4.9.4.1条中c）–1）轻微渗油	设备本体	一般缺陷	建议重点关注并及时采取补油等措施
			变压器严重渗油	Q/GDW 745—2012《配电网设备缺陷分类标准》第4.9.4.1条中b）–1）严重渗油	设备本体	严重缺陷	建议重点关注并及时采取补油等措施

设备类别	设备部件	缺陷部位	缺陷内容	参考依据／标准	缺陷类别	缺陷等级	检修策略
柱上变台（传统型变台）	油箱本体	油位计	变压器油位计部分变红	国网北京市电力公司《配电网运维规程》第 7.7.1 条中（7）变压器油位是否正常	设备本体	一般缺陷	建议结合年、季检修计划或日常维护工作进行处缺
			变压器油位计全部变红	国网北京市电力公司《配电网运维规程》第 7.7.1 条中（7）变压器油位是否正常	设备本体	严重缺陷	建议重点关注并及时采取补油等措施
	变台接地	变台接地	变压器外壳未接地	国网北京市电力公司《配电网施工工艺及验收规范》第 6.2.10.2 条中（1）–2）变压器外壳必须有良好的接地	施工质量	严重缺陷	建议及时处缺
			变压器外壳接地线压接在底座槽钢上，未规范安装	国网北京市电力公司《配电网施工工艺及验收规范》第 6.2.10.2 条中（1）–2）变压器外壳必须有良好的接地	施工质量	一般缺陷	建议及时处缺
			变压器外壳接地线断线	国网北京市电力公司《配电网施工工艺及验收规范》第 6.2.10.2 条中（1）–2）变压器外壳必须有良好的接地	运维责任	严重缺陷	建议及时处缺
	变台槽钢	变台槽钢	变台槽钢歪斜	国网北京市电力公司《配电网运维规程》第 7.7.1 条中（10）变压器台架有无锈蚀、倾斜、下沉	施工质量	一般缺陷	建议结合年、季检修计划或日常维护工作进行处缺
			变台槽钢对地高度小于 2.5m	国网北京市电力公司《配电网施工工艺及验收规范》第 6.2.9.1 条中（3）紧凑型变台副杆埋深在设计未做规定时，一般土质地区为 2m；变台槽钢对地高度一般 3m，受条件限制时最低不应小于 2.5m，槽钢平面坡度不应大于根开的 1/100；变台封闭型熔断器支架一般对地距离为 5.5m，在变台槽钢高度降低时可适当降低，最低不低于 5m，对引线应进行固定	施工质量	一般缺陷	建议结合年、季检修计划或日常维护工作进行处缺

设备类别	设备部件	缺陷部位	缺陷内容	参考依据／标准	缺陷类别	缺陷等级	检修策略
柱上变台（传统型变台）	变台槽钢	变台槽钢	变台槽钢锈蚀	国网北京市电力公司《配电网运维规程》第7.7.1条中（10）变压器台架有无锈蚀、倾斜、下沉	运维责任	一般缺陷	建议结合年、季检修计划或日常维护工作进行处缺
	低压隔离开关	低压隔离开关	低压隔离开关刀闸温度异常，δ（相对温差）≥35% 但热点温度未达到严重缺陷温度值	DL/T 664—2016《带电设备红外诊断应用规范》附录 H 中表 H.1 电流致热型设备缺陷诊断判据："一般缺陷：隔离开关处 δ（相对温差）≥35% 但热点温度未达到严重缺陷温度值"	运维责任	一般缺陷	建议重点关注，结合年、季检修计划或日常维护工作进行处缺
			低压隔离开关刀闸温度异常，90 ℃ ≤ 热点温度 ≤ 130 ℃，或 δ（相对温差）≥80% 但热点温度未达紧急缺陷温度值	DL/T 664—2016《带电设备红外诊断应用规范》附录 H 中表 H.1 电流致热型设备缺陷诊断判据："严重缺陷：90℃≤隔离开关处热点温度 ≤ 130 ℃，或 δ（相对温差）≥80% 但热点温度未达紧急缺陷温度值"	运维责任	严重缺陷	建议及时处缺
			低压隔离开关刀闸温度异常，热点温度＞130℃，或 δ（相对温差）≥95% 且热点温度＞90℃	DL/T 664—2016《带电设备红外诊断应用规范》附录 H 中表 H.1 电流致热型设备缺陷诊断判据："危急缺陷：隔离开关处热点温度＞130℃，或 δ（相对温差）≥95% 且热点温度＞90℃"	运维责任	危急缺陷	建议立即处缺
			变压器低压隔离开关处搭挂异物	国网北京市电力公司《配电网运维规程》第7.7.1条中（13）变压器上有无搭落金属丝、树枝等，有无藤蔓类植物附生	运维责任	严重缺陷	建议及时处缺
	跌落式熔断器	跌落式熔断器	跌落式熔断器上端未加护罩	国网北京市电力公司《配电网运维规程》第 7.1.11.3 条中（8）跌落式熔断器护罩是否完好	施工质量	一般缺陷	建议结合年、季检修计划或日常维护工作进行处缺

设备类别	设备部件	缺陷部位	缺陷内容	参考依据/标准	缺陷类别	缺陷等级	检修策略
柱上变台（传统型变台）	跌落式熔断器	跌落式熔断器	跌落式熔断器三相安装角度不一致	国网北京市电力公司《配电网施工工艺及验收规范》第6.2.9.5条中（2）-2)熔断器间距不应小于500mm，熔断器瓷件轴线与地面垂线之间的夹角为15°～30°。熔断器安装应牢固、高低一致，不应歪斜	施工质量	一般缺陷	建议结合年、季检修计划或日常维护工作进行处缺
			跌落式熔断器安装间距不足500mm	国网北京市电力公司《配电网施工工艺及验收规范》第6.2.9.5条中（2）-2)熔断器间距不应小于500mm，熔断器瓷件轴线与地面垂线之间的夹角为15°～30°。熔断器安装应牢固、高低一致，不应歪斜	施工质量	一般缺陷	建议结合年、季检修计划或日常维护工作进行处缺
			跌落式熔断器瓷件轴线与地面垂线之间的夹角不在15°～30°范围	国网北京市电力公司《配电网施工工艺及验收规范》第6.2.9.5条中（2）-2)熔断器间距不应小于500mm，熔断器瓷件轴线与地面垂线之间的夹角为15°～30°。熔断器安装应牢固、高低一致，不应歪斜	施工质量	一般缺陷	建议结合年、季检修计划或日常维护工作进行处缺
			跌落式熔断器对地距离不足5.5m	《国网北京市电力公司配电网工程典型设计 线路分册 2016年版》第14.4.1条中（3）柱上三相变压器10kV侧户外跌落式熔断器采用低位安装，距地5.5m；高位安装，距地11.5m	施工质量	一般缺陷	建议结合年、季检修计划或日常维护工作进行处缺
			跌落式熔断器横担未焊接垫铁后再与杆塔进行固定，固定不牢靠	《国网北京市电力公司配电网工程典型设计 线路分册 2016年版》图14-4紧凑型柱上变压器安装图（Ⅱ型配电箱熔断器低位安装）（BT4-15-Ⅰ）	施工质量	一般缺陷	建议结合年、季检修计划或日常维护工作进行处缺

设备类别	设备部件	缺陷部位	缺陷内容	参考依据 / 标准	缺陷类别	缺陷等级	检修策略
柱上变台（传统型变台）	跌落式熔断器	跌落式熔断器	跌落式熔断器存在放电烧蚀痕迹	Q/GDW 745—2012《配电网设备缺陷分类标准》表 B.5 跌落式熔断器设备缺陷库"严重缺陷：跌落式熔断器有明显放电（痕迹）"	运维责任	严重缺陷	建议及时处缺
			跌落式熔断器距离树枝近	国网北京市电力公司《配电网运维规程》第 7.2.2 条中（7）杆塔周围有无藤蔓类攀岩植物和其他附着物，有无危及安全的鸟窝、风筝及杂物	运维责任	严重缺陷	建议及时处缺
			跌落式熔断器护罩内存在鸟窝	国网北京市电力公司《配电网运维规程》第 7.2.2 条中（7）杆塔周围有无藤蔓类攀岩植物和其他附着物，有无危及安全的鸟窝、风筝及杂物	运维责任	严重缺陷	建议及时处缺
			跌落式熔断器熔丝管损坏	国网北京市电力公司《配电网施工工艺及验收规范》第 6.2.9.5 条中（2）-4）熔丝规格正确，熔丝两端压紧、弹力适中，不应有拧伤、克断现象	运维责任	严重缺陷	建议及时处缺
			跌落式熔断器护罩破损	Q/GDW 745—2012《配电网设备缺陷分类标准》表 B.5 跌落式熔断器设备缺陷库"一般缺陷：跌落式熔断器绝缘罩损坏"	运维责任	一般缺陷	建议结合年、季检修计划或日常维护工作进行处缺
			跌落式熔断器护罩缺失	国网北京市电力公司《配电网运维规程》第 7.1.11.3 条中（8）跌落式熔断器护罩是否完好	运维责任	一般缺陷	建议结合年、季检修计划或日常维护工作进行处缺
			跌落式熔断器护罩脱落	国网北京市电力公司《配电网运维规程》第 7.1.11.3 条中（8）跌落式熔断器护罩是否完好	运维责任	一般缺陷	建议结合年、季检修计划或日常维护工作进行处缺

设备类别	设备部件	缺陷部位	缺陷内容	参考依据／标准	缺陷类别	缺陷等级	检修策略
柱上变台（传统型变台）	跌落式熔断器	跌落式熔断器	跌落式熔断器锈蚀	Q/GDW 745—2012《配电网设备缺陷分类标准》表 B.5 跌落式熔断器设备缺陷库"一般缺陷：本体及引线中度锈蚀；严重缺陷：本体及引线严重锈蚀"	运维责任	一般缺陷	建议结合年、季检修计划或日常维护工作进行处缺
			跌落式熔断器搭挂异物	国网北京市电力公司《配电网运维规程》第 7.2.2 条中（7）杆塔周围有无藤蔓类攀岩植物和其他附着物，有无危及安全的鸟窝、风筝及杂物	运维责任	一般缺陷	建议及时处缺
			超声波及声学成像仪检测跌落式熔断器有异常声音，最大数值在 0～10dB	国网北京市电力公司《配电网运维规程》附录 D.4.2.3 中（1）劣化程度在 0dB～10dB 间为"一般缺陷"：被检测设备继续运行，等级为绿色	运维责任	一般缺陷	被检测设备继续运行
			超声波及声学成像仪检测跌落式熔断器有异常声音，最大数值在 11～30dB	国网北京市电力公司《配电网运维规程》附录 D.4.2.3 中（2）劣化程度在 11dB～30dB 间为"严重缺陷"：被检测设备需要加强监控，6 个月内还需进行检测，看缺陷程度是否有发展趋势，若有发展，则需要进行检修或更换，等级黄色	运维责任	严重缺陷	被检测设备需要加强监控，6 个月内还需进行检测，看缺陷程度是否有发展趋势，若有发展，则需要进行检修或更换
			超声波及声学成像仪检测跌落式熔断器有异常声音，最大数值在 31dB 以上	国网北京市电力公司《配电网运维规程》附录 D.4.2.3 中（3）劣化程度在 31dB 以上为"危急缺陷"：被检测设备需要近期进行检修或者更换，等级为红色	运维责任	危急缺陷	被检测设备需要近期进行检修或者更换

续表

设备类别	设备部件	缺陷部位	缺陷内容	参考依据/标准	缺陷类别	缺陷等级	检修策略
柱上变台（传统型变台）	跌落式熔断器	跌落式熔断器	跌落式熔断器电气连接处 75℃ < 实测温度 ≤ 80℃ 或 10K < 相间温差 ≤ 30K	Q/GDW 745—2012《配电网设备缺陷分类标准》表 B.5 跌落式熔断器设备缺陷库"一般缺陷：跌落式熔断器电气连接处 75℃ < 实测温度 ≤ 80℃ 或 10K < 相间温差 ≤ 30K"	运维责任	一般缺陷	建议及时处缺
			跌落式熔断器电气连接处 80℃ < 实测温度 ≤ 90℃ 或 30K < 相间温差 ≤ 40K	Q/GDW 745—2012《配电网设备缺陷分类标准》表 B.5 跌落式熔断器设备缺陷库"严重缺陷：跌落式熔断器电气连接处 80℃ < 实测温度 ≤ 90℃ 或 30K < 相间温差 ≤ 40K"	运维责任	严重缺陷	建议及时处缺
			跌落式熔断器电气连接处实测温度 > 90℃ 或相间温差 > 40K	Q/GDW 745—2012《配电网设备缺陷分类标准》表 B.5 跌落式熔断器设备缺陷库"危急缺陷：跌落式熔断器电气连接处实测温度 > 90℃ 或相间温差 > 40K"	运维责任	危急缺陷	建议及时处缺
			跌落式熔断器瓷绝缘件破损	国网北京市电力公司《配电网运维规程》第 7.4.2 条中（1）跌落式熔断器瓷绝缘件有无裂纹、闪络、破损及严重污秽	设备本体	严重缺陷	建议及时处缺
	支撑绝缘子	支撑绝缘子	超声波及声学成像仪检测变压器立瓶处有异常声音，最大数值在 0 ~ 10dB	国网北京市电力公司《配电网运维规程》附录 D.4.2.3 中（1）劣化程度在 0dB ~ 10dB 间为"一般缺陷"：被检测设备继续运行，等级为绿色	运维责任	一般缺陷	被检测设备继续运行

设备类别	设备部件	缺陷部位	缺陷内容	参考依据/标准	缺陷类别	缺陷等级	检修策略
柱上变台（传统型变台）	支撑绝缘子	支撑绝缘子	超声波及声学成像仪检测变压器立瓶处有异常声音，最大数值在 11～30dB	国网北京市电力公司《配电网运维规程》附录 D.4.2.3 中（2）劣化程度在 11dB～30dB 间为"严重缺陷"：被检测设备需要加强监控，6 个月内还需进行检测，看缺陷程度是否有发展趋势，若有发展，则需要进行检修或更换，等级黄色	运维责任	严重缺陷	被检测设备需要加强监控，6 个月内还需进行检测，看缺陷程度是否有发展趋势，若有发展，则需要进行检修或更换
			超声波及声学成像仪检测变压器立瓶处有异常声音，最大数值在 31dB 以上	国网北京市电力公司《配电网运维规程》附录 D.4.2.3 中（3）劣化程度在 31dB 以上为"危急缺陷"：被检测设备需要近期进行检修或者更换，等级为红色	运维责任	危急缺陷	被检测设备需要近期进行检修或者更换
	避雷器	避雷器	变台避雷器未按规范要求选装无间隙避雷器	国网北京市电力公司《配电网施工工艺及验收规范》第 6.2.10.1 条中（1）下列线路设备，必须装设无间隙避雷器 -1）配电变压器（紧凑型和传统变台装在熔断器的负荷侧）必须装设无间隙避雷器	施工质量	一般缺陷	建议结合年、季检修计划或日常维护工作进行处缺
			避雷器上引线与本体连接处未缠绝缘	京电运检〔2015〕64 号《配电网建设改造相关技术标准》第五条：绝缘线路线夹、避雷器接头、导线等裸露点采用硅橡胶材质的"自固化绝缘防水包材"进行包缠恢复绝缘	施工质量	一般缺陷	建议结合年、季检修计划或日常维护工作进行处缺
			避雷器破损	国网北京市电力公司《配电网运维规程》第 7.11 条中（1）避雷器本体及绝缘罩外观有无破损、开裂	运维责任	严重缺陷	建议及时处缺
			避雷器缺失	国网北京市电力公司《配电网施工工艺及验收规范》第 6.2.9.6 条中（1）-1）避雷器安装应牢固，排列整齐，高低一致	运维责任	严重缺陷	建议及时处缺

续表

设备类别	设备部件	缺陷部位	缺陷内容	参考依据 / 标准	缺陷类别	缺陷等级	检修策略
柱上变台（传统型变台）	避雷器	避雷器	避雷器上引线老化	京电运检〔2016〕68 号《国网北京市电力公司智能配电网建设改造技术细则》第 7.2.1.2 条：架空线路全绝缘化改造内容应包括：绝缘导线更换、紧凑型变台改造、变台连接端子加装绝缘罩、电缆引线端子加装绝缘罩、导线连接线夹加装绝缘卷材（绝缘罩）、避雷器上引线端子加装绝缘卷材、刀闸加装绝缘护罩、绝缘导线局部破损修复、导线加装绝缘护管等	运维责任	一般缺陷	建议结合年、季检修计划或日常维护工作进行处缺
	低压配电箱（JP柜）	低压配电箱（JP柜）	变压器低压配电箱（JP柜）外壳锈蚀	国网北京市电力公司《配电网运维规程》第 7.8 条中（3）低压配电箱外壳有无锈蚀、损坏	运维责任	一般缺陷	建议及时处缺
			变压器低压配电箱（JP柜）柜门缺失	国网北京市电力公司《配电网运维规程》第 7.8 条中（3）低压配电箱外壳有无锈蚀、损坏	运维责任	般缺陷	建议及时处缺
			变压器低压配电箱（JP柜）内存在异物	国网北京市电力公司《配电网运维规程》第 7.9 条中（2）低压配电箱内是否清洁	运维责任	一般缺陷	建议及时处缺
	通道	通道	变压器周围有藤蔓类植物附生	国网北京市电力公司《配电网运维规程》第 7.7.1 条中（13）变压器上有无搭落金属丝、树枝等，有无藤蔓类植物附生	运维责任	一般缺陷	建议及时处缺
			变压器周围存在违章建筑、堆积物	Q/GDW 745—2012《配电网设备缺陷分类标准》第 4.1.6 条："通道内有无违章建筑、堆积物"	运维责任	一般缺陷	建议及时处缺

设备类别	设备部件	缺陷部位	缺陷内容	参考依据/标准	缺陷类别	缺陷等级	检修策略
柱上变台（传统型变台）	通道	通道	变压器周围存在施工作业	国网北京市电力公司《配电网运维规程》第7.2.1条中（7）是否存在对线路安全构成威胁的工程设施	运维责任	一般缺陷	建议及时处缺
	变压器围栏	变压器围栏	变压器围栏破损	国网北京市电力公司《配电网运维规程》第7.7.1条中（11）变压器的围栏是否完好	运维责任	一般缺陷	建议及时处缺
			变压器围栏门缺失	国网北京市电力公司《配电网运维规程》第7.7.1条中（11）变压器的围栏是否完好	运维责任	一般缺陷	建议及时处缺
	标识	标识	变压器未悬挂或喷涂有"高压危险、禁止攀登"警告标志	国网北京市电力公司《配电网施工工艺及验收规范》第6.2.9.1条中（12）-6变压器悬挂或喷涂有"高压危险、禁止攀登"警告标志，变台悬挂位号牌	施工质量	一般缺陷	建议及时处缺
			变压器未悬挂位号牌	国网北京市电力公司《配电网施工工艺及验收规范》第6.5.2.3条："柱上变压器需安装变压器位号牌，并安装安全警示标识；位号牌安装位置为距线路最近的变压器副杆上变压器围栏下方，单杆背变压器位号牌安装在变压器下方，位号牌的字迹应清晰不易脱落，应能防腐，挂装应牢固"	施工质量	一般缺陷	建议及时处缺